もくじ

Contents

6 はじめに

第1章 | 古生代 こせいだい

8 **カメロケラス** まっすぐにもほどがある
10 **プテリゴートゥス** シルル紀はボクらの黄金時代
12 **アースロプレウラ** 体長2メートルの巨大ムカデ
14 **エオティタノスクス** ワニのようにエモノをねらう
16 **コティロリンクス** 小顔がチャームポイント
18 **テラタスピス** たくさんのトゲを持つ巨大三葉虫
20 **ミクソプテルス** プスッとさしちゃうぞ
22 **メガネウラ** トンボのメガネは巨大なメガネ
24 **メゾサイロス** はかなくないカゲロウ
26 **モスコプス** 頭のほねがちょうぶあつい
28 **プリオノスクス** は虫類とまちがえないで
30 **エオギリヌス** 石炭紀さい大の動物
32 **エダフォサウルス** 大昔のひなたぼっこ
34 **アノマロカリス** カンブリア紀のチャンピオン
36 **プロトファスマ** 古代の黒光り
38 **ダンクルオステウス** かめるってすばらしい！
40 **ヤエケロプテルス** し上さい大級のウミサソリ
42 **プロトタキシテス** 研究者もビックリ
44 **エステメノスクス** かんむりのような頭を持つ
46 **プルモノスコルピウス** どくはあんまり強くない？
47 **シカマイア** わたしは巨大貝になりたい
48 **フウインボク** またの名を「シギラリア」

- 49 **ロボク** こん虫たちの住みか
- 50 **ヘリコプリオン** 下アゴにご注目

第2章 | 中生代 ちゅうせいだい

- 52 **ケツァルコアトルス** し上さい大級のとべる動物
- 54 **ベルゼブフォ** 悪まの名を引きつぐ巨大ガエル
- 56 **ハツェゴプテリクス** 頭だけでも3メートル
- 58 **パラプゾシア・セッペンラデンシス** 大きすぎるグルグル
- 60 **モササウルス** 帰りたくても帰れない
- 62 **タニストロフェウス** 大人になるって大へんだ
- 64 **ヒキダコウモリダコ** 大きな大きなコウモリダコ
- 66 **ティラノサウルス** 言わずと知れたさい強の肉食きょうりゅう
- 68 **マメンチサウルス** あっちを食べて、こっちを食べて
- 70 **アンフィコエリアス** 体長なんと60メートル!?
- 72 **ステゴサウルス** カリスマ草食きょうりゅう
- 74 **リオプレウロドン** 本当は何メートル？
- 76 **エラスモサウルス** よくりゅうだって食べちゃう
- 78 **クロノサウルス** なか間だっておかまいなし
- 80 **テリジノサウルス** ちょっとツメ切り持ってきて
- 82 **ディプロドクス** おどろきのスイングスピード
- 84 **テムノドントサウルス** パッチリお目目のニクいやつ
- 86 **ブラキオサウルス** どうも、ボクです
- 88 **アーケロン** うらしま太ろうもビックリ！
- 90 **パラリティタン** あこがれのオーシャンライフ
- 92 **サウロポセイドン** その名の由来は海の神
- 94 **アラモサウルス** きょうりゅうたちの生きのこり
- 96 **トゥリアサウルス** どことなくモデル体けい
- 98 **フタロンコサウルス** 全身こっかくの70%を発見ずみ

100	**スーパーサウルス**	スーパーなサウルス
102	**ティタノサウルス**	ティタノサウルス類代表
104	**アルゼンチノサウルス**	南米を代表する巨大きょうりゅう
106	**リードシクティス・プロブレマティカス**	し上さい大級の魚類
108	**スピノサウルス**	やっぱりせんそうはよくない
109	**サルコスクス**	古代からこんにちワニ
110	**カルノタウルス**	短い前あし、長い後ろあし
111	**シファクティヌス**	ついたあだ名は「ブルドッグ」
112	**タルボサウルス**	ティラノサウルスの生き写し
113	**ティロサウルス**	うまれたばかりでも1メートル
114	**ユタラプトル**	大きなかぎヅメがぶき
115	**エドモントサウルス**	何度も歯が生えかわる
116	**ショニサウルス**	し上さい大級の魚りゅう
117	**アンキロサウルス**	「よろいりゅう類」の代表しゅ
118	**セイロクリヌス**	ヒトデやウニのなか間

第3章　新生代 しんせいだい

120	**ティタノボア**	ぽかぽか陽気にさそわれて
122	**ジャイアントモア**	とべない代わりにもうダッシュ
124	**ギガントピテクス**	ついに登場！オレたち、れい長類
126	**メガテリウム**	でも木登りは苦手
128	**メガロドン**	あぁ、おなかすいたなぁ
130	**ヌララグス・レックス**	自分、これでもウサギです
132	**アンドリュウサルクス**	し上さい大級のりく生肉食ほにゅう類
134	**パラケラテリウム**	できればずっと食べていたい
136	**オステオドントルニス**	日本にも生息した巨大鳥
138	**フォベロミス・パッテルソニ**	ウシのように大きいネズミ
140	**ジョセフォアルティガシア**	こっちがし上さい大のネズミ

- 142 **ティタノティロプス** キリンとほぼ同サイズ
- 144 **オドベノケトプス** 左がわからは見ないで
- 146 **ギガンテウスオオツノジカ** 左右合わせて45キロ
- 148 **ニンバドン・ラバラッコラム** アイドルにはほど遠い
- 150 **ダエオドン** えとにはえらばれそうもない
- 152 **アルゲンタヴィス** アルゼンチンのかい鳥
- 154 **ディプロトドン** あなたの子どもになりたい
- 156 **グリプトドン** 3メートルの巨大アルマジロ
- 158 **アルクトドゥス** 顔が短い巨大グマ
- 160 **バシロサウルス** 18メートルの細長い体
- 162 **ステラーカイギュウ** 心やさしき大がたカイギュウ
- 164 **ステップバイソン** 岩手県でも発見
- 166 **バラヌス** し上さい大のトカゲです
- 168 **メイオラニア** トカゲとまちがえられたカメ
- 170 **テラトルニスコンドル** 1万年前にぜつめつした巨大鳥
- 172 **エラスモテリウム** きっとあった巨大角
- 174 **メガラダピス** マダガスカル島のこ有しゅ
- 176 **プロトプテルム** 体長2メートルの巨大海鳥
- 178 **ケレンケン** とべないんじゃない
- 180 **デイノテリウム** はんえいしなかった原始ゾウ
- 182 **ショウカコウマンモス** ケナガマンモスの直けいのそ先
- 183 **デスモスチルス** なんだその歯は!
- 184 **スミロドン** サーベルタイガーの大トリ
- 185 **メギストテリウム** 古第三紀の番長かく
- 186 **カリコテリウム** ウマっぽくないウマのなか間
- 187 **ガストルニス** こわい見た目と意外なギャップ

- 188 地球と生命のれきし
- 190 古生物の分類
- 192 さん考文けん

はじめに

　地球がたん生してやく46億年。生命がたん生してやく40億年。そのはてしない時間の中で生物は様々に進化し、なか間をふやし、ぜつめつしていった。

　そしてその中には、しんじられないほど大がた化したものもたくさんいた。30メートルのきょうりゅう、15メートルの魚、70センチのトンボ。本書の主役は、そんなちょう巨大古代生物たちだ。

　本書を読むときは、ぜひ古代生物たちの大きさを想ぞうしてみてほしい。きっと、今までに味わったことのないおどろきが、みんなを待っているはずだ。

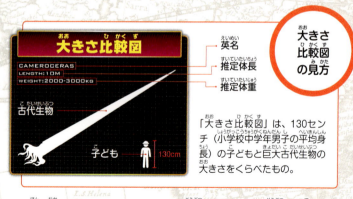

※本の中では、ぜつめつしたむせきつい動物（せぼねのない動物）が出てくるけど、それらの体重はふ明なんだ。その理由は、化石からは、からのあつさやなん体部のみつ度が分からず、げん代ではまだ、体重をすいそくすることができないからなんだ。

第1章
古生代

やく5億4100万年前 ～ やく2億5190万年前

このころ生き物の多くは海に住んでいたんだ。やがて植物がりくに登場すると、こん虫やは虫類が出げんし始めたんだ！

まっすぐにもほどがある
カメロケラス

| 生息年代 | 4億5000万 | 4億 | 3億5000万 | 3億 | 2億5000万 | 2億 (年前) |

→ げんざい

古生代 / 中生代 / 新生代

オルドビス紀の海の王者

びっくり度
S・A・B・C
S

豆知しき
名前にカイとはつくものの、オウムガイはタコやイカと同じく頭足類というグループ。全ぜんにていないように思えるが、大昔にはタコやイカもからを持っていたんだ。

せいぶつデータ

名前	カメロケラス	生息年代	古生代オルドビス紀
生息地	中国、アメリカ、イギリス、スペインなど	分類	なん体動物 頭足類
体長	10m	体重	2000～3000kg	好物	三葉虫

　カメロケラスは、げん代の深海にも生息しているオウムガイのなか間だ。だが、オウムガイが、からをまいているのに対し、カメロケラスのからは見ての通りまっすぐ。しかもこのからは、10メートルもあったという。当時の海の中ではさい大級で、天てきもいなかった。

　からの中は、いくつもの部屋に分かれていた。部屋の中のえき体のりょうを調せつし、海の中をうかんだりしずんだりしていたのだ。

　だが、それにしても長い。長すぎる。このからのおかげでほぼ一直線にしか進めず、回れ右なんてゆめのまたゆめ。大がたのものにいたっては、海のそこにしずんだままほとんど動かなかったというせつもあるほどだ。

大きさ比較図

CAMEROCERAS
LENGTH:10M
WEIGHT:2000-3000KG

130cm

QUIZ クイズ

Q. カメロケラスは頭足類の中のどのグループ？
① マッスグガイ
② チョッカクガイ
③ チョクセンガイ

こたえは次のページ

プテリゴートゥス

シルル紀はボクらの黄金時代

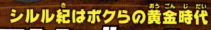

生息年代｜せいそくねんだい　4億5000万　4億　3億5000万　3億　2億5000万　2億（年前）
→げんざい

古生代 / 中生代 / 新生代

巨大なハサミでエモノをキャッチ

びっくり度
S・A・**B**・C

豆知しき

ウミサソリがサソリのそ先であるかはふ明。ただこれだけ見た目がにていると、ウミサソリがりくへと進出し、げん代のサソリに進化したかのうせいは十分にある。

こたえ　②チョッカクガイ　頭足類の中のチョッカクガイというグループにふくまれる。

せいぶつデータ

名前	プテリゴートゥス	生息年代	古生代シルル紀〜デボン紀
生息地	北アメリカ、ヨーロッパ、ロシア、ウクライナなど	分類	せっ足動物 きょう角類
体長	2m	体重	？kg
食性	肉食		

　２メートルにもなる体に、巨大なハサミ。しせいが安定しやすい平らな尾を持っていることから、泳ぎもとく意だったと考えられる。その上、大きな目１対、小さな目１対と目が４つ。さぞよく見えていたはずだ。

　同じ海でくらしていた当時の生物たちからしたら、こんなそんざいは反そくてきだ。速い、デカい、強い。まわりのみんなが「わたし10センチになったよ！」「ボクなんか15センチなんだから！」とやっている中で、ハサミを持った２メートルのバケモノがおそってくるのだ。

　プテリゴートゥスにかぎらず、当時の海はウミサソリのなか間がし配していた。そしてこの黄金時代は、魚たちが進化するまでつづくことになる。

大きさ比較図
PTERYGOTUS
LENGTH:200cm
WEIGHT: ? KG
130cm

QUIZ

Q.ウミサソリは何しゅ類いた？
①10しゅみまん
②100しゅ前後
③200しゅい上

こたえは次のページ

アースロプレウラ

体長2メートルの巨大ムカデ

生息年代 4億5000万 4億 3億5000万 3億 2億5000万 2億 (年前)
→げんざい

びっくり度 S・A・B・C
S

大きいけれど ケンカは弱い

豆知しき

本体の化石はもちろん、フンや足あとの化石も重ようなじょうほうげんとなる。アースロプレウラのフンの化石から植物のかけらが見つかったことから、かれらは植物食と考えられたのだ。

こたえ ③200しゅ以上 世界中で200しゅ以上が見つかっている。

せいぶつデータ

名前	アースロプレウラ	生息年代	古生代石炭紀〜ペルム紀
生息地	北アメリカ、ヨーロッパ	分類	せっ足動物 多足類
体長	2.3m	体重	?kg
食性	植物食		

「苦手な虫ランキング」があったら、おそらくムカデは上いに入ることだろう。いつもはやさしいお母さんも、ムカデを見るなり「だれかぶっころして！」などとうらの顔が出てしまうこともある。

石炭紀には、アースロプレウラという巨大なムカデがいた。体長はなんと２メートルい上。ムカデぎらいなお母さんが見たら、きっとしっ神してしまうことだろう。石炭紀は今よりもずっとさんそのう度が高く、生物たちが巨大化しやすいかんきょうだったのだ。

だがアースロプレウラは、ムカデとちがって草食せい。動きもにぶく、自分より小さなは虫類の食りょうとなってしまうこともあったようだ。

大きさ比較図
130cm
ARTHROPLEURA
LENGTH:230CM
WEIGHT: ? KG

QUIZ

Q. げん代のムカデでもっとも大きいものは何センチ？
① 10センチ
② 40センチ
③ 80センチ

こたえは次のページ

ワニのようにエモノをねらう
エオティタノスクス

| 生息年代 | 4億5000万 | 4億 | 3億5000万 | 3億 | 2億5000万 | 2億（年前） |

→げんざい

古生代 / 中生代 / 新生代

こちらの体は想ぞう図

びっくり度
S・A・B・C
B

豆知しき
ワニのそ先である原がく類は、中生代三じょう紀に出げんしたとされる。北アメリカなどに生息していたプロトスクスという動物が、さい古のワニだと言われているんだ。

こたえ ②40センチ　南米のペルビアンジャイアントオオムカデ。

せいぶつデータ

名前	エオティタノスクス	生息年代	古生代ペルム紀
生息地	ロシア	分類	たん弓類じゅう弓目
体長	2.5m	体重	?kg
食性	肉食		

　エオティタノスクスは、ペルム紀後期に生息したナゾ多き古生物だ。というのも発見されたのは頭のほねのみで、どんな体をしていたのかが分からないのだ。

　頭のほねは細長く、鼻のあなのいちが高いことから、かれらは水中でくらすことが多かったと考えられている。アゴには13センチにもなる長い犬歯を持っており、これを使ってワニのように水中から水べのエモノをおそっていたようだ。

　いくら「どんな体をしていたのかが分からない」とは言っても、この頭で体がチワワということはないはずだ。やはり体も、ワニがたであったと想ぞうするのがふさわしいのだろう。

大きさ比較図

EOTITANOSUCHUS
LENGTH:250CM
WEIGHT: ? KG

130cm

QUIZ クイズ

Q.名前の「スクス」とはどういう意味？
①肉食じゅう　②ワニ
③水生動物

こたえは次のページ

小顔がチャームポイント
コティロリンクス

| 生息年代 | | 4億5000万 | 4億 | 3億5000万 | 3億 | 2億5000万 | 2億 (年前) |

→ げんざい

古生代 / 中生代 / 新生代

このズングリには意味がある

びっくり度 S・A・B・C
B

豆知しき
ばんりゅう類は石炭紀の後期に登場し、当しょはトカゲのようなすがたをしていた。ペルム紀の後期にぜつめつしたが、その中でもカセア科はさい後まで生きのびたグループだった。

こたえ ②ワニ　エオティタノスクスは「夜明けの巨大なワニ」の意。

16

せいぶつデータ

名前	コティロリンクス	生息年代	古生代ペルム紀
生息地	アメリカ、イタリア	分類	たん弓類ばんりゅう目カセア科
体長	3.5m	体重	2000kg
食性	植物食		

　よく言えばちょう小顔、悪く言えばちょうアンバランス。コティロリンクスは、3.5メートルほどの体に、とても小さな頭がついたばんりゅう類だ。

　体重は2トンにもなったと考えられているが、こう見えてかれらはベジタリアン。この大きな体にたくさん植物を飲みこみ、時間をかけて発こう、消化していたようだ。植物を消化するには長い消化きかんがひつようになるため、肉食動物にくらべ草食動物はズングリ体けいになりやすい。その代表てきなれいが、このコティロリンクスというわけだ。

　またこの大きな体はてきをよせつけないだけでなく、体温をたもつのにも役立っていたようだ。

大きさ比較図

COTYLORHYNCHUS
LENGTH:350CM
WEIGHT:2000KG

130cm

QUIZ クイズ

Q.ばんりゅう類は何のそ先？
①ほにゅう類　②魚類
③両生類

こたえは次のページ

たくさんのトゲを持つ巨大三葉虫
テラタスピス

| 生息年代 | | 4億5000万 | 4億 | 3億5000万 | 3億 | 2億5000万 | 2億(年前) |

→げんざい

古生代 / 中生代 / 新生代

びっくり度 S・A・**B**・C

食えるものなら食ってみな！

豆知しき
三葉虫の体は、真ん中の「中葉」と左右の「そく葉」の3つの部分に分かれている。3つの「葉」を持つことから、「三葉虫」とよばれるようになったのだ。

こたえ ①ほにゅう類　ばんりゅう類からじゅう弓類に進化し、さらにほにゅう類へと進化した。

せいぶつデータ

名前	テラタスピス	生息年代	古生代デボン紀
生息地	北アメリカ	分類	せっ足動物 三葉虫類
体長	60cm	体重	?kg
食性	肉食		

　デボン紀は魚類が大きく進化した時代だった。しかし同じ時代を生きた三葉虫たちからしたら、こんなめいわくな話もないだろう。あれよあれよという間に、天てきだらけになってしまったのだ。

　進化してアゴを持ち、かむことをおぼえた魚たちは、三葉虫を食べまくった。自まんのかたい体も、「う～ん、ステキな歯ごたえ☆」とバリバリボリボリ。しかも、自分たちには反げきできるようなぶきがない。

　三葉虫にのこされた道は、いかに食べづらくなるか、しかなかった。たとえばテラタスピスという巨大な三葉虫は、体中をたくさんのトゲでおおい、てきから身を守っていたことが知られている。

大きさ比較図
TERATASPIS
LENGTH:60CM
WEIGHT:？KG
130cm

QUIZ クイズ
Q. 三葉虫がはんえいした期間はどれぐらい？
①1億年　②2億年
③3億年

こたえは次のページ

プスッとさしちゃうぞ
ミクソプテルス

| 生息年代 | 4億5000万 | 4億 | 3億5000万 | 3億 | 2億5000万 | 2億(年前) |

→ げんざい

古生代 / 中生代 / 新生代

尾のどくばりでエモノをゲット

びっくり度
S・A・B・**C**

豆知しき
ウミサソリの中には、あさい海からたん水いきにうつり住んだものもいた。また海岸を歩いた足あとの化石がのこっていることから、短時間ならりくに上がれたものもいたようだ。

こたえ ③3億年　3億年という気が遠くなるほどの期間を生きぬいた。

せいぶつデータ

名前	ミクソプテルス	生息年代	古生代シルル紀〜デボン紀
生息地	中国、アメリカ、ヨーロッパ	分類	せっ足動物 きょう角類
体長	1m	体重	?kg
食性	肉食		

　ミクソプテルスは、シルル紀の海をし配していたウミサソリ類のなか間。同じくウミサソリ類のプテリゴートゥスほど大きくはないが、今のサソリのように、尾の先にはどくばりがついていたと考えられている。

　どれほどのダメージだったのだろうか。自まんのはりで、目の前の魚を一つき。まるでスゴウデのりょうしのようではないか。

　ミクソプテルスは、するどいトゲがついた前方のあし、歩行用のあし、遊泳用のあしと３しゅ類のあしを持っていた。ただ泳ぐのはあまりとく意ではなく、い動は歩きにたよることが多かったようだ。実さいに、かれらの足あとの化石も発見されている。

大きさ比較図

MIXOPTERUS
LENGTH: 100CM
WEIGHT: ? KG

130cm

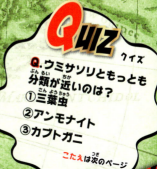

QUIZ クイズ

Q.ウミサソリともっとも分類が近いのは？
① 三葉虫
② アンモナイト
③ カブトガニ

こたえは次のページ

トンボのメガネは巨大なメガネ

メガネウラ

| 生息年代 | | 4億5000万 | 4億 | 3億5000万 | 3億 | 2億5000万 | 2億 (年前) |

→ げんざい

古生代 / 中生代 / 新生代

70センチのオバケトンボ

豆知しき
石炭紀はたしかにせっ足動物が巨大化した時代だったが、どれもが大きかったわけではない。げん代と同じようなサイズのトンボも、たくさんとんでいたのだ。

びっくり度
S・A・B・C
A

こたえ ③カブトガニ　ウミサソリと同じきょう角類にふくまれる。

せいぶつデータ

名前	メガネウラ	生息年代	古生代石炭紀
生息地	フランス	分類	こん虫類 原トンボ目
翅開長	70cm	体重	?kg	食性	肉食

　今の日本に生息しているさい大のトンボはオニヤンマだ。羽を広げると13センチほどになり、あのスズメバチすらもほ食してしまう。

　ところが石炭紀には、オニヤンマよりもはるかに大きなトンボのなか間がいた。その名もメガネウラ。「し上さい大のこん虫」と言われる、原始てきなトンボだ。

　羽を広げた大きさはやく70センチ。ぜっ対にかたに止まってほしくないサイズである。ただ今のトンボのようには羽ばたけず、風に乗ってかっ空していたという。

　今よりもさんそがこかった石炭紀には、こんなふうにに巨大化したせっ足動物がたくさんいた。かれらの住みかとなる大きな森もたくさんあったんだ。

大きさ比較図
MEGANEURA
LENGTH:70CM
WEIGHT: ? KG
130cm

QUIZ
Q.次のうち、正しい名前の切り方は？
① メ・ガネウラ
② メガ・ネウラ
③ メガネ・ウラ

こたえは次のページ

メゾサイロス

はかなくないカゲロウ

生息年代						
	4億5000万	4億	3億5000万	3億	2億5000万	2億(年前)

→げんざい

古生代 / 中生代 / 新生代

びっくり度 S・A・**B**・C

尾角をふくめろと1メートルい上

豆知しき
カゲロウのせい虫が短命なのは事実であり、海外でも「はかない虫」とされている。ただよう虫時代をふくめるとじゅ命は1年ほどになり、こん虫としてはそこそこ長生きなのだ。

こたえ　②メガ・ネウラ　メガネではなくメガ(大きな)。

せいぶつデータ

名前	メゾサイロス	生息年代	古生代石炭紀
生息地	アメリカ	分類	こん虫類カゲロウ目？
翅開長	55cm	体重	?kg	好物	じゅえき

　カゲロウというこん虫は、せい虫になると一度も食事を取らず、わずか1日で死んでしまうこともある。なんとはかない命だろう。

　メゾサイロスは、大昔に生息していたカゲロウのなか間だ。げん代のカゲロウは小さなこん虫だが、羽を広げたメゾサイロスの大きさは、50センチ以上にもなったという。またかれらには尾角が生えており、これをふくめると1メートルをこえたようだ。

　そのすがたは、はかないというより、かなりしぶとそう。せい虫になってからもじゅえきや花ふんを食べていたと考えられており、少なくとも1日で死んでしまうようなことはなかったのだろう。

大きさ比較図
MAZOTHAIROS
LENGTH:55cm
WEIGHT: ? KG
130cm

QUIZ クイズ

Q. ウスバカゲロウのよう虫は？
① アオムシ
② ヤゴ
③ アリジゴク

こたえは次のページ

モスコプス

頭のほねがちょう厚あつい

生息年代｜せいそくねんだい　4億5000万　4億　3億5000万　3億　2億5000万　2億（年前）
→ げんざい

豆知しき

じゅう弓類はわたしたちほにゅう類のそ先と言えるグループだ。はじめはトカゲのようなすがたであったが、体毛がある、直立歩行にい行するなど、じょじょにほにゅう類てきな進化をしていった。

ライバル同し　頭つきで　勝負！

古生代／中生代／新生代

びっくり度　S・A・B・C　B

こたえ　③アリジゴク　アリジゴクはウスバカゲロウのよう虫のよび名。

せいぶつデータ

名前	モスコプス	生息年代	古生代ペルム紀
生息地	南アフリカ	分類	たん弓類じゅう弓目 きょう頭類
体長	3m	体重	130kg	食性	植物食

　モスコプスは、さい大で3メートルにもなったと考えられる巨大なきょう頭類。その大きさもさることながら、頭のほねがとてもブあついのがとくちょうだ。

　おそらくかれらは、ライバルに出会うと、頭つきによって決着をつけていたのだろう。ヤギのオス同しも頭つきをしてあらそうが、それと同じような習せいを持っていたと考えられる。

　またほねの形から見るに、かれらは鼻先を地面に向けて歩いていたようだ。人間界でいう「歩きスマホ」のようなしせいだが、こちらもうっかりだれかに頭つきをしてケンカになりやすいので、よい子のみんなはマネをしないようにしよう。

大きさ比較図

MOSCHOPS
LENGTH:300CM
WEIGHT:130KG

130cm

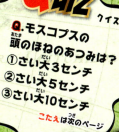

QUIZ

Q.モスコプスの頭のほねのあつみは？
① さい大3センチ
② さい大5センチ
③ さい大10センチ

こたえは次のページ

は虫類とまちがえないで
プリオノスクス

生息年代｜せいそくねんだい　4億5000万　4億　3億5000万　3億　2億5000万　2億（年前）
→ げんざい

古生代 / 中生代 / 新生代

びっくり度
S・A・B・C
A

し上さい大の両生類

豆知しき
は虫類にくらべ、両生類で大がた化したものは少ない。白あ紀に生息していたクーラスクスが「し上2番目に大きい両生類」とされるが、それでも体長は5メートルほどだった。

こたえ　③さい大10センチ　まるでかぶとのような頭のほねを持っていた。

せいぶつデータ

名前	プリオノスクス	生息年代	古生代ペルム紀
生息地	ブラジル	分類	両生類分つい目
体長	9m	体重	2000kg
食性	肉食		

　見た目はワニににているが、ワニがは虫類であるのに対し、プリオノスクスは両生類。ただし水ぎわでエモノを待ちぶせするなど、見た目以外にもワニとにたとくちょうがあったようだ。

　このプリオノスクス、すい定体長9メートルと両生類としてはバツグンにデカい。頭部だけでも1.6メートルになり、げん代さい大の両生類・オオサンショウウオ（さい大1.5メートル）よりも大きいことになる。

　プリオノスクスは「し上さい大の両生類」のい名を持つ。だがプリオノスクスという学名は「ノコギリワニ」を意味しており、やっぱりは虫類っぽさが出てしまうのであった。

大きさ比較図
PRIONOSUCHUS
LENGTH:900cm
WEIGHT:2000kg
130cm

QUIZ クイズ
Q. 地球上に早く登場したのはどっち？
① 両生類　② は虫類
③ どちらもほぼ同じタイミング

こたえは次のページ

石炭紀さい大の動物
エオギリヌス

生息年代｜せいそくねんだい　4億5000万　4億　3億5000万　3億　2億5000万　2億（年前）→げんざい

古生代 / 中生代 / 新生代

びっくり度
S・A・B・C
B

手足はそんなに使わない

豆知しき｜まめちしき
生物たちは海からりくへと進出したが、ふたたび水生にもどったものもいる。このエオギリヌスもその一しゅで、体には、りく生のそ先から受けついだであろうとくちょうがのこっていた。

こたえ ①両生類　先に両生類が出げんし、その後は虫類があらわれた。

せいぶつデータ

名前	エオギリヌス	生息年代	古生代石炭紀
生息地	イギリス、カナダ	分類	両生類 エンボロメリ目
体長	4.6m	体重	?kg	食性	肉食

「見て見て、このちっちゃなお手手！カワイイー！」などともり上がりたくなるが、それはたんに絵だとサイズ感がつたわりづらいためだ。エオギリヌスの体長はすい定4.6メートル。石炭紀に生息していた魚類い外の動物の中で、さい大のしゅのひとつであると考えられている。

かれらの住みかは川やぬま。見ての通り手足は弱かったが、泳ぐのはとく意だったようだ。その大きさから考えても、かなり強力なほ食者だったはずだ。

分類上は両生類だが、体の作りはは虫類に近かった。両生類とは虫類の中間てきな動物ということができるだろう。

大きさ比較図

EOGYRINUS
LENGTH:460CM
WEIGHT: ? KG

130cm

QUIZ

Q. 名前の「ギリヌス」とはどういう意味？
① ウナギ
② オタマジャクシ
③ ウミヘビ

こたえは次のページ

大昔のひなたぼっこ
エダフォサウルス

| 生息年代 | 4億5000万 | 4億 | 3億5000万 | 3億 | 2億5000万 | 2億 (年前) |

→ げんざい

古生代 / 中生代 / 新生代

せ中のほで体温を調せつ

びっくり度
S・A・**B**・C

豆知しき
同じくせ中にほを持つディメトロドンは、体温を26度から32度まで上げるのに1時間半ほどかかったという。もし、ほがなければ、その倍い上の時間がひつようになったようだ。

こたえ ②オタマジャクシ ギリシャ語でオタマジャクシを意味する。

せいぶつデータ

名前	エダフォサウルス	生息年代	古生代石炭紀～ペルム紀
生息地	北アメリカ、ヨーロッパ（ドイツ、チェコ）	分類	たん弓類ばんりゅう目
体長	3.2m	体重	300kgい上	食性	植物食

　寒い寒い冬の朝は、1秒でも長くふとんの中にいたいもの。何度も起こしてくれた親に対し、「なんで起こしてくれなかったの!?」とぎゃくギレをするのも、冬のおやくそくと言える。

　そしてわたしたち人間以上に、へん温動物は大へんだ。へん温動物は気温によって体温が大きくへん化するため、寒くなると体温が下がり、動きがにぶくなってしまう。

　へん温動物の一しゅであるエダフォサウルスは、せ中の大きな「ほ」をり用して体温調せつをしていた。このほの正体はせぼねの出っぱりが長くのびたもので、寒くなると太陽に向け、体温を上げていたのだ。反対に暑くなると風に当て、体をさましていたようだ。

大きさ比較図

GENUS EDAPHOSAURUS
LENGTH:320CM
WEIGHT:300KG OR MORE

130cm

Q. へん温動物の反対は？
① じょう温動物
② こう温動物
③ 守温動物

こたえは次のページ

カンブリア紀のチャンピオン
アノマロカリス

| 生息年代 | 5億5000万 | 5億 | 4億5000万 | 4億 | 3億5000万 | 3億（年前） |

→げんざい

古生代 / 中生代 / 新生代

ねらわれたら もう終わり

びっくり度
S・**A**・B・C

豆知しき

体長1メートルと本書の中ではさい小クラスだが、当時はまだ数センチの動物がほとんどだった。そう考えるとアノマロカリスは、ちょう大がた動物と言えたのだ。

こたえ ②こう温動物　人間もこう温動物で、体温を一定にたもつことができる。

せいぶつデータ

名前	アノマロカリス	生息年代	古生代カンブリア紀
生息地	カナダ、中国、アメリカ、オーストラリア	分類	せっ足動物 ラディオドンタ目
体長	1m	体重	?kg	好物	三葉虫

　カンブリア紀は、世界かく地の海で動物たちが一気にふえた時代だ。「カンブリアばく発」とよばれ、地球のれきし上でもっとも大きな出来事のひとつとなっている。

　アノマロカリスは、そんなカンブリア紀における、さい強のほ食者だった。1メートルの体に、エモノをつかまえる太いしょっかく。眼がある動物がようやく出てきた時代に、高せいのうの複眼（たくさんの眼の集合体）まで持っていた。かれらからしたら、当時の海なんてバイキング会場のようなものだ。

　いわゆる食物れんさは、動物たちが大がた化し、眼を持ったカンブリア時代から本かくてきに始まった。かれらはその「しょ代チャンピオン」と言えるのだ。

大きさ比較図
ANOMALOCARIS
LENGTH: 100CM
WEIGHT: ? KG
130cm

QUIZ
Q. カンブリアばく発でふえたしゅ類はどれぐらい？
①50倍 ②100倍
③それい上

こたえは次のページ

プロトファスマ
古代の黒光り

生息年代｜4億5000万　4億　3億5000万　3億　2億5000万　2億（年前）→げんざい

びっくり度 S・A・B・C **A**

その正体はゴキブリのそ先

豆知しき
意外にも、ゴキブリはキレイずきな生物だ。身づくろいはかかさないし、体内にもほとんど病原きんがいない。きたない場所でくらしてはいても、いつも自分の体はせいけつにしているんだ。

こたえ ③それい上　数千しゅ類しかいなかった生物が、1万しゅ以上にふえた。

せいぶつデータ

名前	プロトファスマ	生息年代	古生代石炭紀
生息地	ヨーロッパ	分類	せっ足動物こん虫類
体長	12cm	体重	?kg	好物	小さな虫

　夏になると、どこからかやって来る黒いあの子たち。今のものでもそんざい感はハンパではないが、石炭紀後期に生息していたかれらのそ先は、それい上に目立っていた。そう、体長12センチにもなる"巨大ゴキブリ"プロトファスマである。

　頭が小さく体が細いのがプロトファスマのとくちょうだが、き本てきなすがたはげん代のゴキブリとそうかわらない。石炭紀後期から、つまり3億年も前から、かれらはこのスタイルで生きてきたのだ。

　地球上の生物としては、ゴキブリの方が人間よりもずっと先パイだ。「もっとかわいく進化してよ！」などとは思わないようにしよう。

大きさ比較図

PROTOPHASMA
LENGTH:12CM
WEIGHT:? KG

130cm

QUIZ クイズ

Q. プロトファスマは他に何のそ先？
① バッタ　② ナナフシ
③ コオロギ

こたえは次のページ

かめるってすばらしい！
ダンクルオステウス

生息年代｜せいそくねんだい　4億5000万　4億　3億5000万　3億　2億5000万　2億（年前）
→ げんざい

古生代 | こせいだい
中生代 | ちゅうせいだい
新生代 | しんせいだい

食らいついたらはなさない

びっくり度
S・A・B・C
A

豆知しき｜まめちしき

さい強だったダンクルオステウスだが、デボン紀まつに起こった大りょうぜつめつからはのがれることができなかった。いくら自分たちに力があっても、かんきょうのへん化はどうにもならないのだ。

こたえ　②ナナフシ　ゴキブリとナナフシの共通のそ先と考えられている。

せいぶつデータ

名前	ダンクルオステウス	生息年代	古生代デボン紀
生息地	アメリカ、モロッコ、ベルギーなど	分類	板皮魚類 せっけい目
体長	6m	体重	660kg以上	食性	肉食

　かつて魚たちは、アゴを持っていなかった。かむことができないので、ドロの中の小さな生物をチマチマとすってくらしていたのだ。

　デボン紀に入ると、ついにアゴを持つ魚たちが登場した。アゴがあれば、大きなエモノにもかみつける。それまでおとなしいそんざいだった魚たちが、こうげきてきなハンターへと進化したのだ。言うなれば「デボン紀デビュー」。ここから一気に魚たちのはんえいが始まった。

　中でも強力だったのが、ダンクルオステウスで、歯がない代わりに、口の中にするどいほねの板を持っていた。アゴをすばやく開くことができ、かむ力も肉食きょうりゅうなみに強かったようだ。

大きさ比較図

DUNKLEOSTEUS
LENGTH:600CM
WEIGHT:660KG OR MORE

130cm

QUIZ クイズ

Q.「ダンクル」が指すものはどれ？
①頭の形　②人の名前
③生息していた地いき

こたえは次のページ

ヤエケロプテルス

し上さい大級のウミサソリ

生息年代 | せいそくねんだい　4億5000万　4億　3億5000万　3億　2億5000万　2億（年前）→げんざい

古生代 / 中生代 / 新生代

ハサミだけでも45センチ

びっくり度
S・A・B・C
B

豆知しき まめちしき
ウミサソリはシルル紀からデボン紀にかけての強力なほ食者だったが、やく2億5000年前にすがたを消した。このぜつめつ期には、海洋生物の95%近くがぜつめつしたとされる。

こたえ ②人の名前　古生物学者ディヴィッド・ダンクルに由来する。

せいぶつデータ

名前	ヤエケロプテルス	生息年代	古生代デボン紀
生息地	ドイツ	分類	せっ足動物 きょう角類
体長	2.5m	体重	?kg
食性	肉食		

　タラバガニがおいしくても「からごと食べちゃお！」なんて人は少ない。かたいからを持っているということは、それだけほ食者にとって食べづらいということ。かたければかたいほど、生きのこる上でゆうりになる。
　古生代を代表する生物の三葉虫（P18）は、そんな「かたさ」にとっ化した生物だ。身を守るためのかたいからがなければ、ここまでさかえることもなかっただろう。
　だがそんな三葉虫も、ウミサソリにとってはいいエモノだった。中でもさい大級の大きさをほこったヤエケロプテルスは、ハサミだけでもすい定45センチ。このハサミをペンチのように使えば、三葉虫のからをくだくことなどかんたんだったはずだ。

大きさ比較図

JAEKELOPTERUS
LENGTH: 250CM
WEIGHT: ? KG

130cm

QUIZ クイズ

Q. し上さい小級のウミサソリはどれぐらい？
① 5センチ　② 15センチ
③ 30センチ

こたえは次のページ

プロトタキシテス

研究者もビックリ

| 生息年代 | 4億5000万 | 4億 | 3億5000万 | 3億 | 2億5000万 | 2億（年前） |

→ げんざい

古生代 / 中生代 / 新生代

びっくり度 S・A・B・C： S

8メートルのジャンボキノコ

豆知しき
当時はまだほとんどの生物が海の中でくらしていた時代だ。地球上ではじめてりく上に生息した巨大生物は、このプロトタキシテスだったのかもしれない。

こたえ ①5センチ　5センチほどの小さなウミサソリ類も見つかっている。

せいぶつデータ

名前	プロトタキシテス	生息年代	古生代シルル紀〜デボン紀
生息地	ヨーロッパ（ベルギー、イギリス、ドイツ）、カナダ、アメリカ	分類	きん界
高さ	8m		

　2007年、発見から150年間もなぞにつつまれていた巨大化石の正体が、キノコであることが分かった。巨大キノコと聞くとつい赤いぼう子のヒゲ男を思いうかべてしまうが、食べると巨大化するキノコではない。今からやく３億5000万年前には、キノコそのものがちょう巨大だったのだ。

　プロトタキシテスと名づけられたこのキノコの大きさは、さい大なんと８メートル。電柱ほどもある。まだりく上に大きな動物がいなかった時代とはいえ、いくらなんでもノビノビ育ちすぎだ。

　よく「かおりマツタケ、味シメジ」と言うが、今後は「量プロトタキシテス」をつけくわえたいところだ。

大きさ比較図
PROTOTAXITES
LENGTH:800cm
WEIGHT: 7 KG
130cm

QUIZ クイズ
Q. 日本には何しゅ類のキノコが生息している？
① 1000〜2000しゅ類
② 4000〜5000しゅ類
③ 8000〜10000しゅ類

こたえは次のページ

かんむりのような頭を持つ
エステメノスクス

生息年代｜せいそくねんだい　4億5000万　4億　3億5000万　3億　2億5000万　2億（年前）
→ げんざい

古生代 / 中生代 / 新生代

出っぱりはモテのあかし？

豆知しき｜まめちしき

エステメノスクスの化石には、ほねだけでなく皮ふものこされていた。これはとてもレアなケース。わたしたちほにゅう類と同じように、あせを分ぴつするせんがあることが分かったんだ。

びっくり度
S・A・B・C
B

こたえ　②4000～5000しゅ類　まだ名前がないものもふくめ、4000～5000しゅ類が生息していると言われる。

せいぶつデータ

名前	エステメノスクス	生息年代	古生代ペルム紀
生息地	ロシア	分類	たん弓類じゅう弓目
体長	4.6m	体重	450kg	食性	植物食

　エステメノスクスという学名には「かんむりをかぶったワニ」という意味がある。鼻の上やほおの横、頭の上部などにほねがもり上がってできた出っぱりがあるため、この名がついたのだ。

　げん代に生きるヘラジカやオオツノヒツジのオスは、角が大きいものほどメスにモテる。おそらくエステメノスクスのオスも、この出っぱりをメスへのアピールに使っていたのだろう。

　「ねぇ、さい近あのオスとはどうなの？」「うーん悪くはないんだけど、もうひと出っぱりほしいのよねェ……」。エステメノスクスのメス同しは、こんな"こいバナ"をしていたのかもしれない。

大きさ比較図

ESTEMMENOSUCHUS
LENGTH:460CM
WEIGHT:450KG

130cm

Q. かれらは何というグループのなか間？
① 強頭類　② 凶頭類
③ 恐頭類

こたえは次のページ

どくはあんまり強くない？
プルモノスコルピウス

| 生息年代 | せいそくねんだい | 4億5000万 | 4億 | 3億5000万 | 3億 | 2億5000万 | 2億 (年前) |

→ げんざい

サソリし上さい大級

びっくり度
S・A・**B**・C
A

せいぶつデータ
名前：プルモノスコルピウス
生息年代：古生代石炭紀
生息地：イギリス
分類：せっ足動物 きょう角類サソリ目
体長：70cm　**体重**：?kg
食性：肉食

プルモノスコルピウスは、せっ足動物たちが巨大化した石炭紀に生息していた。サソリのなか間でありながら、その体長は70センチにもたっした。ただサソリのなか間は、小がたのものほどヤバいどくを持っていることが多い。そう考えると、そのどくはあまり強くなかったのかも。

大きさ比較図
PULMONOSCORPIUS
LENGTH:70cm
WEIGHT:? KG
130cm

こたえ ③恐頭類　他にもモスコプスのように、頭のほねがあついものが多かった。

シカマイア

わたしは巨大貝になりたい

生息年代	4億5000万	4億	3億5000万	3億	2億5000万	2億(年前)

→ げんざい

びっくり度 S・A・B・**C**

1メートルをこす大きな二まい貝

せいぶつデータ
- **名前**：シカマイア
- **生息年代**：古生代ペルム紀
- **生息地**：日本、マレーシア、アフガニスタン
- **分類**：なん体動物 二まい貝類
- **体長**：1m　**体重**：10kg以上
- **食性**：けんだく物食

体の左右に1対2まいの貝がらを持つ貝を「二まい貝」とよぶ。アサリやシジミなど、わたしたちの生活に身近なものも多い。

ペルム紀には、シカマイアという巨大な二まい貝が生息していた。貝がらの全長は1メートルい上。赤ちゃんのベッドになりそうな大きさだ。

大きさ比較図

SHIKAMAIA
LENGTH:100CM
WEIGHT:10KG OR MORE

130cm

フウインボク

またの名を「シギラリア」

生息年代｜せいそくねんだい　4億5000万　4億　3億5000万　3億　2億5000万　2億（年前）
→ げんざい

石炭紀を代表する巨大植物

びっくり度 S・A・B・**C**

せいぶつデータ
- 名前：シギラリア（フウインボク）
- 生息年代：古生代石炭紀～ペルム紀
- 生息地：北アメリカ、ヨーロッパ、アジアなど
- 分類：シダ植物 リンボク目
- 高さ：30m

石炭紀に入るとシダ植物がさかえ、大森林が作られた。フウインボクは、この時代を代表する巨大植物だ。フウインボクの葉はとても長い。葉がぬけたミキには六角形のあとがもようのようにのこり、これが文書をとじたふういんによくにていたことから、「ふういん木」の名がついた。

大きさ比較図

SIGILLARIA
LENGTH:30m
WEIGHT:？KG

130cm

クイズ フウインボクともっとも分類が近いのは？　①クサソテツ　②ワラビ　③ヒカゲノカズラ

こん虫たちの住みか
ロボク

| 生息年代 | せいそくねんだい | 4億5000万 | 4億 | 3億5000万 | 3億 | 2億5000万 | 2億(年前) |

→ げんざい

地下にも くきをのばす

びっくり度
S・A・B・C
C

せいぶつデータ
名前：カラミテス（ロボク）
生息年代：古生代石炭紀～中生代ジュラ紀
生息地：北アメリカ、ヨーロッパ、日本など
分類：シダ植物 トクサ目　高さ：20m

大きさ比較図

CALAMITES
LENGTH:20M
WEIGHT:? KG

 130cm

　フウインボクと同じく石炭紀にさかえたシダ植物だ。日本庭園などでり用される、トクサという植物のなか間にあたる。ロボクは、竹のようにふしのあるくきを地下にものばしていた。ニョキッと地上に顔を出す、わかいくきからは、放しゃじょうに葉が生えていたと考えられている。

◀こたえはP50にあるよ

ヘリコプリオン

下アゴにご注目

| 生息年代 | 4億5000万 | 4億 | 3億5000万 | 3億 | 2億5000万 | 2億(年前) |

→ げんざい

古生代 / 中生代 / 新生代

びっくり度 S・A・B・**C**

今日も元気にまいてます

せいぶつデータ
- **名前**：ヘリコプリオン
- **生息年代**：古生代ペルム紀
- **生息地**：北アメリカ、ロシア、日本など
- **分類**：なんこつ魚類 エウゲネオドゥス目
- **体長**：12m　**体重**：?kg
- **食性**：肉食

ヘリコプターは「ヘリコ（らせん）」と「プター（つばさ）」を組み合わせた言葉だが、ヘリコプリオンの「ヘリコ」にも、同じくらせんという意味がある。名前の由来は、ふしぎな歯のならび方から。それは、まるでうずまきのようにらせんじょうにならんだ歯だったからだ。

大きさ比較図

HELICOPRION
LENGTH: 12m
WEIGHT: ? KG

130cm

こたえ　③ヒカゲノカズラ　フウインボクはヒカゲノカズラ植物の一しゅ。

第2章
中生代

やく2億5192万年前～やく6600万年前

みんなが知る巨大生物・きょうりゅうがさかえた時代。りくだけでなく、海も、空も巨大な生物であふれていた！

ケツアルコアトルス
し上さい大級のとべる動物

生息年代｜せいそくねんだい　2億5000万　2億　1億5000万　1億　5000万　0（年前）
➡けんざい

こう見えて
めちゃくちゃ
軽い

豆知しき
そ先は同じでも、りく上で生活していなかったものは、き本てきにきょうりゅうにはふくまれない。大空をとび回っていたプテラノドンなども、きょうりゅうではなく、よくりゅうの一しゅに分類される。

びっくり度　S・A・B・C　S

せいぶつデータ

名前	ケツァルコアトルス	生息年代	中生代白あ紀
生息地	アメリカ	分類	主りゅう類よくりゅう目
翼開長	10.5m	体重	70kg	食性	肉食

　ケツァルコアトルスは、白あ紀に生息していたし上さい大級のよくりゅうだ。広げたつばさの大きさは10メートルい上。体高も5メートルと、キリンなみの大きさだった。当ぜんのことながら、キリンは空をとばない。つばさのあるなしもそうだが、1トンをこえる重い体では、まず空をとぶことはできないのだ。ケツァルコアトルスにしても、当しょは「ここまで巨大な体では、とぶことはできないだろう」と考えられていた。

　ところがさい新の研究により、かれらのほねは、あなだらけでスカスカになっており、体重はわずか70キロほどしかなかったとすい定された。こんなに大きな体なのに、大人の男せいと同じような重さだったのだ。

大きさ比較図
QUETZALCOATLUS
LENGTH:10.5M
WEIGHT:70KG
130cm

QUIZ

Q. ケツァルコアトルスの名前の由来は？
① 神の名前
② 星の名前
③ 道具の名前

こたえは次のページ

悪まの名を引きつぐ巨大ガエル
ベルゼブフォ

| 生息年代 | 2億5000万 | 2億 | 1億5000万 | 1億 | 5000万 | 0 (年前) |

→ げんざい

古生代 / 中生代 / 新生代

きょうりゅうの子どもペロリ

豆知しき
げん代でもっとも大きなカエルは、アフリカに生息するゴライアスガエル。体長30センチ、体重は3キロにもなる。しかし森林はかいなどにより、生息数がへりつづけているんだ。

びっくり度 S・A・B・C
B

こたえ ①神の名前　アステカ神話の風の神「ケツァルコアトル」から。

せいぶつデータ

名前	ベルゼブフォ	生息年代	中生代白あ紀
生息地	マダガスカル	分類	両生類 むび目
体長	40cm	体重	4.5kg
		食性	肉食

　旧約聖書には、ベルゼブブというま界の王が登場する。ベルゼブブは「ぼう食の王」ともよばれ、つきることのない食よくを持っていたとされる。
　ベルゼブフォは、そんな大悪まから名前がついたカエルのなか間だ。体長はすい定40センチ。体重は4.5キロになったという。たしかに大きいことは大きいが、悪まというにはちょっとはく力にかける気もする。ズングリとした体けいは、悪まというよりまくらに近い。
　しかしかれらは強力なアゴとするどい歯を持っており、時としてきょうりゅうの子どもをほ食することもあったと考えられている。大食らいなのは、ベルゼブブの名の通りだったのだろう。

大きさ比較図

BEELZEBUFO
LENGTH:40cm
WEIGHT:4.5kg

130cm

QUIZ クイズ

Q.し上さい小とされるカエルの体長は？
①1センチみまん
②2センチ
③3センチ

こたえは次のページ

ハツェゴプテリクス

頭だけでも3メートル

| 生息年代 | 2億5000万 | 2億 | 1億5000万 | 1億 | 5000万 | 0（年前） |

→ げんざい

びっくり度 S・A・B・**C**
A

古生代 / 中生代 / 新生代

豆知しき

よくりゅうたちはそれぞれがとくちょうてきなトサカを持っていた。丸いトサカ、細長いトサカ、Y字がたのトサカ、大きなトサカ……。形だけでなく、トサカの場所も様々だった。

はたしてかれらはとべたのか

こたえ ①1センチみまん　体長わずか7.7ミリのパエドフリン・アマウンシスというカエルが発見されている。

せいぶつデータ

名前	ハツェゴプテリクス	生息年代	中生代白あ紀
生息地	ルーマニア	分類	主りゅう類よくりゅう目
翼開長	11m	体重	?kg
食性	肉食		

　ハツェゴプテリクスも、ケツァルコアトルスにならぶし上さい大級のよくりゅうである。ケツァルコアトルスがアメリカに生息していたのに対し、かれらはヨーロッパのルーマニアでくらしていた。ケツァルコアトルスは、ほねを空どう化し、体を軽りょう化していた。だがハツェゴプテリクスのほねはそれよりもしっかりとしており、体重も重かったかのうせいが高いと考えられている。

　けっ局のところ、かれらがとべたのかどうかは分かっていない。ちなみにアランボウルギアニアという同じようなサイズのよくりゅうもいたが、もはや早口言葉大会になりそうなので、ここでしょうかいするのはやめておこう。

大きさ比較図

HATZEGOPTERYX
LENGTH: 11M
WEIGHT: ? KG

130cm

QUIZ

Q.ハツェゴプテリクスの名前の由来は？
①場所の名前
②発見者の名前
③時代の名前

こたえは次のページ

大きすぎるグルグル
パラプゾシア・セッペンラデンシス

| 生息年代 | 2億5000万 | 2億 | 1億5000万 | 1億 | 5000万 | 0（年前） |

→ げんざい

古生代 / 中生代 / 新生代

びっくり度
S・A・B・C
A

し上さい大のアンモナイト

豆知しき
アンモナイトの赤ちゃんは、からをつぎ足しながらせい長していく。からの大きさはしゅ類によって決まるが、オスよりもメスの方が大きくせい長することが知られている。

こたえ ①場所の名前　ルーマニアのハツェグという場所で発見されたことから。

せいぶつデータ

名前	パラプゾシア・セッペンラデンシス	生息年代	中生代白あ紀
生息地	ドイツ	分類	頭足類アンモナイト目
体長	2mい上	体重	?kg	食性	肉食

　アンモナイトは、「これぞ古生物！」と言いたくなるそんざいだ。発見されているだけでも1万しゅい上、地しつ学の研究にも大いに役立っている。ほとんどはからの直けいが10〜20センチほどだが、中には1メートルい上のからを持つ巨大なものもいた。

　そんな中、「し上さい大のアンモナイト」と言われているのがパラプゾシア・セッペンラデンシスだ。発見された化石は、と中で欠けていたにもかかわらず2メートル。目を回しそうな大きさだ。

　しかもこれは、あくまでもからの大きさ。しょっかくをふくめると、4メートルや5メートルにたっしていてもおかしくはないのだ。

大きさ比較図
PARAPUZOSIA SEPPENRADENSIS
LENGTH:200CM OR MORE
WEIGHT: ? KG

130cm

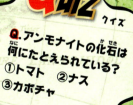

QUIZ

Q. アンモナイトの化石は何にたとえられている？
① トマト　② ナス
③ カボチャ

こたえは次のページ

モササウルス

帰りたくても帰れない

生息年代 | 2億5000万　2億　1億5000万　1億　5000万　0（年前）
→ げんざい

古生代 / 中生代 / 新生代

白あ紀後期の海のし配者

びっくり度
S・A・B・C
A

豆知しき
2015年公開のえい画『ジュラシック・ワールド』では、げん代によみがえったモササウルスのすがたがえがかれた。ちょっと大げさな気もするが、気になる人はぜひチェックしてみてほしい。

こたえ ③カボチャ　見た目がカボチャににていることから「カボチャ石」ともよばれる。

せいぶつデータ

名前	モササウルス	生息年代	中生代白あ紀
生息地	世界かく地	分類	は虫類 有りん目
体長	17.6m	体重	?kg	食性	肉食

　モササウルスは、白あ紀にはんえいした大がたの水生は虫類。大きさはさい大で17メートルをこえ、頭部だけでも1.6メートルになったという。

　大きさだけでなく、実力も本物だ。口の中にはするどい歯がならび、イカ類や魚類、アンモナイトなどを食べていたと考えられている。白あ紀の中ごろに登場したかれらは、あっという間に生たいけいのトップに立った。

　このモササウルスの化石は、オランダのマーストリヒトという場所ではじめて発見された。しかし1794年にせめこんできたフランスぐんにうばわれ、そのままパリ自ぜんしはく物館へ。ふるさとへ帰ることは、いまだにできていないのだ。

大きさ比較図

MOSASAURUS
LENGTH:17.6M
WEIGHT: 7 KG

130cm

QUIZ クイズ

Q. モササウルスの歯の化石はいくらぐらい？
① 数千円　② 100万円
③ 1000万円い上

こたえは次のページ

タニストロフェウス

大人になるって大へんだ

| 生息年代 | 2億5000万 | 2億 | 1億5000万 | 1億 | 5000万 | 0 (年前) |

→ けんざい

古生代 / 中生代 / 新生代

全長の3分の2が首

びっくり度
S・A・**B**・C → **A**

豆知しき
首のほねのひとつひとつがあまりに長かったため、発見当しょは足のほねとまちがえられたという。せきつい動物の中で、首がしめるわり合がもっとも大きい生物と考えられている。

こたえ ①数千円　さほどめずらしくなく数千円で買える。ただニセモノも多いので注意。

せいぶつデータ

名前	タニストロフェウス	生息年代	中生代三じょう紀
生息地	ヨーロッパ、アジア	分類	は虫類 主りゅう形類
体長	6m	体重	?kg
		好物	魚

　いくらなんでも長すぎる。タニストロフェウスの全長は6メートルほどになるが、そのうち3分の2近くを首がしめていた。

　そしてこの首は、自由に動かすことがむずかしかったと考えられている。首のほねの数が多かったわけではなく、ひとつひとつのほねがとびきり長かったのだ。

　この首のため、歩くのも泳ぐのも苦手だったというせつや、意外にもすばやく動けたというせつもあるが、いずれにしても首中心の生活であったことはまちがいないだろう。

　しかし化石を見ると、子どもの首は長くない。せい長するにつれ、首が急げきに長くなっていったようだ。

大きさ比較図

TANYSTROPHEUS
LENGTH:600CM
WEIGHT:? KG

130cm

QUIZ クイズ

Q. タニストロフェウスのもうひとつのとくちょうは？
①尾がさい生する
②目が光る
③足が長くのびる

こたえは次のページ

ヒキダコウモリダコ

大きな大きなコウモリダコ

生息年代 | せいそくねんだい　2億5000万　2億　1億5000万　1億　5000万　0（年前）
→ げんざい

古生代 / 中生代 / 新生代

北海道でくらしていました

びっくり度
S・A・**B**・C
B

豆知しき まめちしき
同じく羽ぼろ町から化石が見つかったハボロダイオウイカは、全長10メートルほどとすい定されている。げん代さい大級のむせきつい動物であるダイオウイカにも負けないサイズだ。

こたえ ①尾がさい生する　トカゲのように自ら尾を切り、切れた尾はさい生したと考えられている。

せいぶつデータ

名前	ヒキダコウモリダコ	生息年代	中生代白あ紀
生息地	日本	分類	なん体動物 頭足類コウモリダコ目
体長	2.4m	体重	?kg	好物	プランクトン（？）

　太古の生物もふしぎだが、げん代の深海にも負けずおとらずのこせいはたちがウヨウヨいる。そのうちの一しゅであるコウモリダコは、見た目がかわいらしく、ほぼ等身大のぬいぐるみなども売られる人気者だ。

　ヒキダコウモリダコも、その名の通りコウモリダコのなか間だ。しかしコウモリダコの体長が30センチほどであるのに対し、かれらの体長はすい定2.4メートル。ぬいぐるみどころか、しきぶとんになりそうだ。

　ヒキダコウモリダコの化石が見つかった北海道の羽ぼろ町からは、ハボロダイオウイカという巨大イカの化石も発見されている。当時このあたりの海は、なん体動物が巨大化しやすいかんきょうだったのかもしれない。

大きさ比較図
NANAIMOTEUTHISHIKIDAI
LENGTH: 240CM
WEIGHT: ? KG
130cm

QUIZ
Q. コウモリダコの英名「Vampire Squid」の意味は？
① まぼろしのタコ
② きゅう血イカ
③ 海のコウモリ

こたえは次のページ

言わずと知れたさい強の肉食きょうりゅう
ティラノサウルス

| 生息年代 | | 2億5000万 | 2億 | 1億5000万 | 1億 | 5000万 | 0 （年前） |

→ げんざい

古生代 / 中生代 / 新生代

強さも人気もナンバーワン

豆知しき
数年前に「ティラノサウルスは羽毛でおおわれていた」というせつが出回った。だがさい新の研究により、「かれらの体はやはりウロコでおおわれていた」というせつが有力となった。

びっくり度 S・A・B・C **S**

こたえ ②きゅう血イカ　タコなのかイカなのかややこしいが、実さいにはそのどちらでもない。

せいぶつデータ

名前	ティラノサウルス	生息年代	中生代白あ紀
生息地	北アメリカ、中国、ロシア	分類	りゅうばん目じゅうきゃく類
体長	13m	体重	6000kg
食性	肉食		

　うっとりするほどカッコいい。13メートルにもなる大きな体に、ナイフのようにするどい歯。それでいて前足がやけに小さいなど、ギャップもしっかり持ち合わせている。ティラノサウルスはきょうりゅうの中で、いや、全ての古生物の中でも、人気ナンバーワンと言えるそんざいだ。

　ティラノサウルスは、時速30キロの速さで走れたと考えられている。もっと速く走れるきょうりゅうもいたが、この大きさを考えればおどろきのスピードだ。

　その上しかくやきゅうかくもすぐれており、よく知られている通りかむ力もとても強かった。まさに「さい強」とよばれるのにふさわしい実力を持っていたのだ。

大きさ比較図

GENUS
TYRANNOSAURUS
LENGTH:13M
WEIGHT:6000KG

130cm

QUIZ

Q.げんぞんするさい大のティラノサウルスの化石ひょう本につけられた名前は?
①ティー　②スー
③ピー

こたえは次のページ

あっちを食べて、こっちを食べて
マメンチサウルス

生息年代｜せいそくねんだい　2億5000万　2億　1億5000万　1億　5000万　0（年前）→げんざい

びっくり度 S·A·B·C
S

生物し上さい長の首？

豆知しき まめちしき
生息地である中国ではかれらの足あとの化石も見つかっているが、その深さは1メートルい上もあったという。このあなにハマり、そのまま死んでしまった小がた動物もいたようだ。

こたえ ②スー　発見者であるスーザンの名から。シカゴのはく物館で見ることができる。

せいぶつデータ

名前	マメンチサウルス	生息年代	中生代白あ紀
生息地	中国、モンゴル	分類	りゅうばん目 りゅうきゃく類
体長	35m	体重	7500kg
食性	植物食		

　マメンチサウルスは、体長の半分ほどもある長い首を持った巨大な草食きょうりゅう。首のほねの数はヒトが7こ、キリンも7こ、他のりゅうきゃく類でも15こい下がふつうだが、マメンチサウルスのそれは19こもあった。し上さい長の首を持つ生物は、ひょっとしたらかれらだったのかもしれない。

　しかしこっかくの作りを見るに、首を高く上げることはできなかったようだ。高いところの葉を食べるというよりも、首を左右にふって広はんいの葉を食べていたのだろう。

　これだけ大きな体だと、イチイチ動かすのも大へんだ。首だけで食事ができるなら、それにこしたことはない。

大きさ比較図

MAMENCHISAURUS
LENGTH:35M
WEIGHT:7500KG
130cm

QUIZ

Q.マメンチサウルスの首はどれぐらい動く？
① 上下30度
② 上下45度
③ 上下60度

こたえは次のページ

アンフィコエリアス

体長なんと60メートル！？

生息年代｜2億5000万　2億　1億5000万　1億　5000万　0（年前）
→げんざい

豆知しき

か去には北京原人の化石のふんしつ事けんも起こっている。日中せんそう中、中国からアメリカへ化石を運ぶと中でふんしつしてしまったのだ。その化石もいまだ見つかっていない。

事実だったらダントツし上さい大

古生代／中生代／新生代

びっくり度　S・A・B・C
S

こたえ　①上下30度　高く上げることもひくく下げることもできなかったようだ。

せいぶつデータ

名前	アンフィコエリアス	生息年代	中生代ジュラ紀
生息地	北アメリカ、ジンバブエ	分類	りゅうばん目りゅうきゃく形類
体長	25〜60(?)m	体重	?kg
食性	植物食		

　アンフィコエリアスの体長は、すい定25メートル。とんでもない大きさではあるが、マメンチサウルスを見た後では、とくべつなおどろきはないかもしれない。
　だが、話はここで終わらない。「アンフィコエリアス・フラギリムス」と名づけられたこ体においては、なんと体長が60メートルもあったというのだ。見つかったのはせぼねの化石1このみだが、それだけでも高さ240センチと、ふつうの倍い上に大きかったらしい。
　かん心の化石はというと、なんと発くつげん場から運ぶさい中になくしてしまったそうだ。何となくイヤな予感はしていたが、この手の話は大体トホホなオチがつく。まぼろしの化石は、今もなお行方ふ明のままだ。

大きさ比較図

AMPHICOELIAS
LENGTH:25-60M
WEIGHT: ? KG

130cm

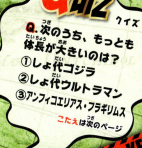

QUIZ

Q.次のうち、もっとも体長が大きいのは？
①しょ代ゴジラ
②しょ代ウルトラマン
③アンフィコエリアス・フラギリムス

こたえは次のページ

カリスマ草食きょうりゅう
ステゴサウルス

| 生息年代 | せいそくねんだい | 2億5000万 | 2億 | 1億5000万 | 1億 | 5000万 | 0 (年前) |

→げんざい

せ中の板がトレードマーク

びっくり度
S・A・B・C
A

豆知しき｜まめちしき

のうが小さかっただけでなく、かむ力もとても弱かったようだ。コンピューターを使って分せきしたところ、こんな大きな体にもかかわらず、かむ力は女子小学生なみだったという。

こたえ ③アンフィコエリアス・フラギリムス　しょ代ゴジラが50メートル、しょ代ウルトラマンは40メートル。

せいぶつデータ

名前	ステゴサウルス	生息年代	中生代ジュラ紀
生息地	アメリカ、ポルトガル、中国	分類	鳥ばん目けんりゅう類
体長	9m	体重	2000kg
食性	植物食		

　ステゴサウルスは、ティラノサウルスにならぶきょうりゅう界の人気者。体長はすい定9メートル。とくちょうは、せ中に2列の五角形のほねの板がならんでいる。
　この板には、血かんが通っていたと考えられている。かれらはこの板を太陽や風に当て、体温を調せつしていたのだろう。また血かんに血を送りこむことで、この板は赤色にへん化したようだ。これにより、なか間へのアピールやてきへのいかくをしていたかのうせいが高い。
　何だかとてもハイスペックなきょうりゅうに思えるが、かれらののうはクルミほどの大きさしかなかったことも分かっている。せ中はほねの板でおおわれていたが、おバカは丸出しだったのかもしれない。

大きさ比較図
STEGOSAURUS
LENGTH:900CM
WEIGHT:2000KG
130cm

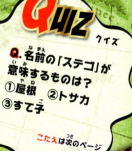

QUIZ
Q. 名前の「ステゴ」が意味するものは？
①屋根　②トサカ
③すて子

こたえは次のページ

本当は何メートル？
リオプレウロドン

| 生息年代 | 2億5000万 | 2億 | 1億5000万 | 1億 | 5000万 | 0 (年前) |

→ げんざい

古生代 / 中生代 / 新生代

びっくり度 S・A・B・C **A**

どっちにしたってさい大級

豆知しき
だれも実物を見たことがない上、すい定体長が大きくまちがっていたということも起こりうる。リードシクティス・プロブレマティカス（P106）にしても、当しょ、は2倍近くの大きさとすい定されていた。

こたえ ①屋根　ステゴサウルスは「屋根のあるトカゲ」という意味。

せいぶつデータ

名前	リオプレウロドン	生息年代	中生代ジュラ紀
生息地	イギリス、フランス、ロシアなど	分類	は虫類 首長りゅう目
体長	12〜25（?）m	体重 ?kg	食性	肉食

　地球人の身長を調べるため、遠い星からやってきたうちゅう人がいたとしよう。さいしょに見つかった人が150センチだったら、かれらは「地球人は150センチ」と記ろくする。次に見つかった人が2メートルだったら、「150センチ〜2メートル」となる。発見された人が多ければ多いほど、地球人の正しい身長に近づける。

　リオプレウロドンという首長りゅうのなか間は、発見されたこ体数がとても少ない。そのため正かくなさい大全長が分からず、12メートルとも25メートルとも言われているのだ。12メートルにしたって、かれらのなか間の中ではさい大級。もし本当に25メートルもあったとしたら、あっとうてきな強者であったはずだ。

大きさ比較図

LIOPLEURODON
LENGTH: 12-25M
WEIGHT: ? KG

130cm

QUIZ クイズ

Q. リオプレウロドンのとくぎは？
① どこまでも深くもぐれる
② 水中でも鼻がきく
③ 後ろ向きに泳げる

こたえは次のページ

エラスモサウルス

よくりゅうだって食べちゃう

生息年代	せいそくねんだい						
2億5000万　2億　1億5000万　1億　5000万　0（年前）
→げんざい

豆知しき まめちしき

カンブリア紀に生息したハルキゲニアは、おなかがわにしょく手の列を、せ中がわにトゲの列を持っていた。だが発見当しょは上下さかさにふく元され、トゲを使って歩く生物だと考えられていた。

びっくり度
S・**A**・B・C
A

長い首を持つ海のほ食者

こたえ ②水中でも鼻がきく　水中でもにおいを感じられたと考えられている。

せいぶつデータ

名前	エラスモサウルス	生息年代	中生代白あ紀
生息地	アメリカ、ロシア、日本、スウェーデン	分類	は虫類 首長りゅう目
体長	14m	体重	2000kg	食性	肉食

　エラスモサウルスは、いかにも首が長そうな首長りゅう類の中でも、とくべつに長い首を持っていた。体長は14メートルほどになるが、その半分い上が首。首のほねは70こ以上もあったというからおどろきだ。

　エラスモサウルスの化石をはじめて研究した古生物学者のプーリは、この長い首は尾で、尾の方が首だとかんちがいした。つまり、とんでもなく尾の長い生物として発表してしまったのだ。気持ちは分かるが、それはそれでけっこうぶきみである。

　かれらの体内からは、水面近くをとんでいたであろうよくりゅうのほねも見つかっている。この長い首を生かし、せっきょくてきにエモノをとらえていたようだ。

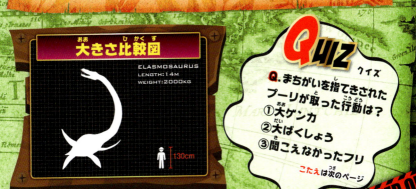

大きさ比較図
ELASMOSAURUS
LENGTH:14m
WEIGHT:2000kg

130cm

QUIZ

Q.まちがいを指てきされたプーリが取った行動は？
①大ゲンカ
②大ばくしょう
③聞こえなかったフリ

こたえは次のページ

クロノサウルス

なか間だっておかまいなし

生息年代｜せいそくねんだい　2億5000万　2億　1億5000万　1億　5000万　0（年前）
→ げんざい

びっくり度 S・A・B・C **A**

首の短いあばれんぼう

豆知しき　まめちしき
よくりゅうと同様に、水中でくらしていた首長りゅうもきょうりゅうにはふくまれない。ごちゃまぜにされがちだが、きょうりゅうとよばれるものは全て、りく上で生活をしていたのだ。

こたえ　①大ゲンカ　まちがいを指てきした古生物学者マーシュにおこり、さい後までなか直りをしなかった。

せいぶつデータ

名前	クロノサウルス	生息年代	中生代白あ紀
生息地	オーストラリア、コロンビア	分類	は虫類 首長りゅう目
体長	14m	体重	11000kg
		食性	肉食

首長りゅうというと、ろくろ首のように首が長く頭が小さいイメージがあるが、反対に首が短く頭が大きいグループもいた。その代表てきなそんざいといえるのが、クロノサウルスだ。

首長りゅう類さい大級となる14メートルの巨体と、25センチにもなる大きな歯をぶきに、クロノサウルスは当時の海をし配していた。それも、かなりすき放題にあばれ回っていたようだ。

というのも、クロノサウルスのいの化石からは、なか間である首長りゅう類のほねも発見されているのだ。かれらからしたら、エラスモサウルスの細長い首など、えほうまきぐらいの感かくだったのかもしれない。

大きさ比較図

KRONOSAURUS
LENGTH:14M
WEIGHT:11000KG

130cm

QUIZ クイズ

Q. クロノサウルスの泳ぎ方は何ににていた？
① ウナギ ② タコ
③ ウミガメ

こたえは次のページ

ちょっとツメ切り持ってきて
テリジノサウルス

| 生息年代 | せいそくねんだい | 2億5000万 | 2億 | 1億5000万 | 1億 | 5000万 | 0 (年前) |

→ げんざい

90センチのツメを持つ

びっくり度
S・A・**B**・C

豆知しき まめちしき

モンゴルは、北アメリカや中国にならぶ世界有数のきょうりゅう化石さん出地として知られている。中でも南部に広がるゴビさばくからは、き重な化石が次々と発見されているのだ。

こたえ ③ウミガメ 4本のヒレ足をオールのように使い泳いでいた。

古生代

中生代

新生代

せいぶつデータ

名前	テリジノサウルス	生息年代	中生代白あ紀
生息地	モンゴル	分類	りゅうばん目じゅうきゃく類テリジノサウルス科
体長	8~11m	体重	?kg	食性	植物食

　テリジノサウルスという名前には「大カマトカゲ」という意味がある。かれらの前あしには、カマのように大きなツメがついていたのだ。

　90センチにもなる巨大なツメで、エモノをザックリ……と思いきや、テリジノサウルスは草食せいだったようだ。このツメのはっきりとした使い方は分かっていないが、おそらく身を守るためや、草木をつかむのに使っていたのだろう。

　ちなみに人間界にも、2メートル近くもツメをのばし、ギネスブックにのった人がいる。もしテリジノサウルスがその人を見たら、「ボスとよばせてください」とシッポをふったかもしれない。

大きさ比較図

THERIZINOSAURUS
CHELONIFORMIS
LENGTH:8-11m
WEIGHT: ? KG

130cm

QUIZ クイズ

Q.テリジノサウルスのツメのあつさは？
①ぶあつい
②先っぽだけぶあつい
③とてもうすい

こたえは次のページ

おどろきのスイングスピード
ディプロドクス

| 生息年代 | せいそくねんだい | 2億5000万 | 2億 | 1億5000万 | 1億 | 5000万 | 0 (年前) |

→ げんざい

豆知しき まめちしき

音の速さは、秒速やく340メートルと言われている。ディプロドクスが本気を出せば、音をこえるようなスピードで尾をふり回すことができたのかもしれない。

古生代 / 中生代 / 新生代

尾でてきを追いはらう

びっくり度
S・A・B・C
S

こたえ ③とてもうすい　とてもうすく、まさにカマのようだった。

せいぶつデータ

名前	ディプロドクス	生息年代	中生代ジュラ紀
生息地	北アメリカ	分類	りゅうばん目りゅうきゃく類
体長	24m	体重	12000kg
食性	植物食		

　ディプロドクスは、24メートルにもなったとすいそくされるちょうビッグな草食きょうりゅうだ。首も長いが、それい上に長いムチのようなしっぽを持っていた。
　すばやく動くことはできなかったが、しっぽをふるのは大のとく意。しっぽの先っぽのスピードは、なんと秒速330メートルにもたっしたという。たんじゅんにくらべられるものではないが、プロゴルファーのスイングスピードが秒速50メートルほど。いかに速かったかがわかるだろう。そんなシロモノを「もう、あっち行ってよ！」とブンブンふり回してくるのだ。あっちどころか、あの世へと行けそうだ。肉食きょうりゅうたちも、うかつに手を出すことはできなかったことだろう。

大きさ比較図

GENUS DIPLODOCUS
LENGTH:24M
WEIGHT:12000KG

130cm

QUIZ

Q. ディプロドクスの発くつ調さをえん助したのは？
① ウォルト・ディズニー
② アンドリュー・カーネギー
③ ビル・ゲイツ

こたえは次のページ

テムノドントサウルス

パッチリお目目のニクいやつ

生息年代｜せいそくねんだい　2億5000万　2億　1億5000万　1億　5000万　0（年前）
→ げんざい

豆知しき｜まめちしき

魚りゅうたちは、たまごではなく、水中で赤ちゃんをうんでいたことがわかっている。赤ちゃんを持った化石がこれまでいくつか発見されているのだ。また首長りゅうも同様の化石が見つかっている。

びっくり度 S・A・B・C　**B**

この目でエモノをロックオン

こたえ　②アンドリュー・カーネギー　鉄こう会社で大せいこうをおさめ、「鉄こう王」とよばれる。

せいぶつデータ

名前	テムノドントサウルス	生息年代	中生代ジュラ紀
生息地	ヨーロッパ	分類	は虫類 魚りゅう目
体長	12m	体重	?kg	好物	イカ、アンモナイト

　どことなくイルカのような見た目をしているが、テムノドントサウルスは魚りゅうのなか間。ほにゅう類ではなく、海でくらすは虫類だ。体もイルカよりずっと大きいし、おそらくげいもおぼえない。

　そんなテムノドントサウルスは、他のどんな動物にも負けないパッチリお目目を持っていた。その大きさは、なんと直けいやく20センチ。サッカーボールを思いうかべてもらえれば、分かりやすいかもしれない。

　このよく見える目でエモノを見つけては、力強い泳ぎで近づき、するどい歯でガブリ。見た目はイルカに近い部分があるが、生活スタイルはシャチににていたと考えられているのだ。

大きさ比較図

TEMNODONTOSAURUS
LENGTH: 12m
WEIGHT: ? KG

130cm

QUIZ

Q. テムノドントサウルスの目のスゴいところは？
① ダイヤのようにかたい
② 暗やみでも見える
③ 重さが100キロい上

こたえは次のページ

ブラキオサウルス

どうも、ボクです

生息年代｜せいそくねんだい　2億5000万　2億　1億5000万　1億　5000万　0（年前）
→ げんざい

古生代 | 中生代 | 新生代

おなじみミスターりゅうきゃく類

びっくり度
S・A・B・C
B

豆知しき

りゅうきゃく類は、長い首と尾を持ったきょうりゅうのグループだ。これまで地球上にくらした生物の中でもっとも大きなりく生動物であり、1億数千万年にわたってはんえいをつづけた。

こたえ　②暗やみでも見える　かれらは暗い中でも目が見えていたと考えられている。

せいぶつデータ

名前	ブラキオサウルス	生息年代	中生代ジュラ紀
生息地	北アメリカ、ドイツ、タンザニア、ジンバブエ	分類	りゅうばん目りゅうきゃく類
体長	26m	体重	34000kg
食性	植物食		

　このようなシルエットを持つきょうりゅうの中で、ブラキオサウルスはもっとも有名なそんざいだろう。ほぼかん全といえる全身こっかくがそんざいし、世界かく地のはく物館でそのもけいを見ることができる。

　ブラキオサウルスという名前には「うでトカゲ」という意味があり、その名の通り、前あしが後ろあしより長い。首を真上に持ち上げることはできなかったが、かたのいちが高い分、高い木の葉を食べることができた。

　今でこそりく生動物であることが広く知られているが、発見当時はその大きさから「りく上でくらすのはむずかしいのでは？」と考えられていた。シュノーケルのように鼻のあなを水面に出していたというせつもあったのだ。

大きさ比較図

BRACHIOSAURUS
LENGTH:26M
WEIGHT:34000KG

130cm

QUIZ

Q. ブラキオサウルスのいの中にあったものは？
① 石　② ガラス
③ 鉄

こたえは次のページ

アーケロン

うらしま太ろうもビックリ！

| 生息年代 | | 2億5000万 | 2億 | 1億5000万 | 1億 | 5000万 | 0 (年前) |

→ げんざい

びっくり度 S・A・B・C　A

4メートルの巨大ガメ

豆知しき

アーケロンのこっかくを見るに、げん代のカメたちのようにこうらに手足をしまうことができなかったようだ。これも肉食者にねらわれる理由のひとつだったのだろう。

こたえ ①石 石を飲みこみ、いの中で植物をすりつぶしていた。

郵便はがき

料金受取人払

麹町局承認

841

差出有効期限
2021年
6月9日まで
(切手不要)

102-8720

439

東京都千代田区九段北
4−2−29

株式会社世界文化社
編集企画2部

『とても巨大な絶滅せいぶつ図鑑』係 行

フリガナ		年齢		1男
氏名			歳	・
		1 独身　2 既婚		2女

住所 〒　　−
都道府県
TEL　　　　　　（　　　　　）
e-mail
ご職業　(当てはまる番号に○をしてください) 1.会社員　2.会社経営・役員　3.自営業　4.自由業　5.公務員・教員　6.専業主婦 7.パート・アルバイト　8.家事手伝い　9.学生　10.その他(　　　　)
よく読む新聞、雑誌名等をお書き下さい。 新聞名（　　　　　　　　　）　　雑誌名（　　　　　　　　　）

※ 今後の企画の参考にするため、アンケートのご協力をお願いしています。ご回答いただいた内容は個人を特定できる部分を削除して統計データ作成のために利用させていただきます。ハガキやデータは集計後、速やかに適切な方法で廃棄し、6ヶ月を超えて保有いたしません。
※ 今後、弊社から読者調査やご案内をお送りしてもよろしいでしょうか。
ご承諾いただける方は右の□にチェックをつけてください。　　　　　　　承認します…□

Q.1 本書をどのようにしてお知りになりましたか?

    1. 新聞で (朝日・読売・毎日・産経・その他【　　　　】)
    2. 雑誌で (雑誌名　　　　　　　　　　　　　　　　)
    3. 店頭で実物を見て
    4. 人にすすめられて
    5. インターネットのホームページを見て
    6. その他 [　　　　　　　　　　　　　　　　　　　]

Q.2 本書をお求めになった書店を教えてください。

               都・道・府・県　　　　　　　　　　書店

Q.3 本書の内容について、感想をお聞かせください。

Q.4 本書の印象について。

    内　容　（わかりやすい・普通・わかりにくい）
            （使いやすい・使いにくい）
    価　格　（高い・普通・安い）
    デザイン　（よい・普通・悪い）

Q.5 お読みになりたい伝記の人物を教えてください。

あなたのご意見・ご感想を、本書の新聞・雑誌広告や世界文化社のホームページ等で
    1.掲載してもよい　　2.掲載しないでほしい　　3.匿名なら掲載してもよい

ご協力ありがとうございました。

せいぶつデータ

名前	アーケロン	生息年代	中生代白あ紀
生息地	アメリカ	分類	は虫類 カメ目
体長	4m	体重	2000kg	食性	肉食

　もしむかし話『うらしま太ろう』に登場するカメがアーケロンだったら、子どもたちにいじめられることもなく、うらしま太ろうはりゅう宮じょうに行かず、何も起こらないというたいくつな話になっていたことだろう。
　アーケロンは、全長やく4メートルになるし上さい大のウミガメだ。こうらにはいくつものすき間があいていたが、それでも体重は2トンにたっしたと考えられている。アーケロンには「カメのし配者」という意味があるが、まさにその名にふさわしい。だがざんねんなことに当時の海にはそれい上に大きな肉食動物がウヨウヨおり、アーケロンもほ食対しょうだった。そうかんたんに「めでたしめでたし」とはいかないのだ。

大きさ比較図

ARCHELON
LENGTH:400CM
WEIGHT:2000KG

130cm

QUIZ

Q.げん代さい大の
ウミガメはどれ？
①タイマイ
②オサガメ
③アオウミガメ

こたえは次のページ

あこがれのオーシャンライフ
パラリティタン

| 生息年代 | せいそくねんだい | 2億5000万 | 2億 | 1億5000万 | 1億 | 5000万 | 0 (年前) |

➡️ げんざい

豆知しき

りゅうきゃく類には、かつてブロントサウルスというきょうりゅうがふくまれていた。新しゅではないとむこうにされたが、近年やはり新しゅだったというせつが立ち上がり、ふっ活するかのうせいが出てきた。

びっくり度
S・A・**B**・C

B

古生代 / 中生代 / 新生代

体重60トンにもなる海岸の巨人

こたえ ②オサガメ さい大で全長250センチ、体重やく1トンほどになる。

せいぶつデータ

名前	パラリティタン	生息年代	中生代白亜紀
生息地	エジプト	分類	りゅうばん目りゅうきゃく類
体長	26m	体重	60000kg	食性	植物食

　海の近くでくらすというのは、あこがれのライフスタイルのひとつだ。大自ぜんをすぐそばに感じながら、のんびりとすごす時間。さい高のゼイタクである。

　パラリティタンという大がたのきょうりゅうも、そんな生活を楽しんでいたようだ。見つかった化石を調べたところ、かれらは海岸近くのマングローブの林でくらしていたことが分かった。パラリティタンという名前にも、「海岸の巨人」という意味がこめられているのだ。

　しかし、のんびりすごせていたかどうかはあやしい。というのも、かれらの化石からは、肉食動物にきずつけられたと思われるあとも見つかっているのだ。体は大きいけれど、あらそうのは苦手だったのかもしれない。

大きさ比較図
PARALITITAN
LENGTH:26m
WEIGHT:60000kg

130cm

QUIZ

Q. りゅうきゃく類のべつ名はどれ？
① タツマキりゅう
② ジシンりゅう
③ カミナリりゅう

こたえは次のページ

サウロポセイドン

その名の由来は海の神

生息年代 | 2億5000万　2億　1億5000万　1億　5000万　0 (年前) → げんざい

首のほね1こが1.4メートル

びっくり度
S・**A**・B・C
A

豆知しき

体重がふえると、その分体温が高くなるという研究けっかがある。体温が45度をこえるとたんぱくしつがかたまり生きていけないので、巨大化は50トン前後がげん界なのだ。

こたえ ③カミナリりゅう　ブロントサウルスが「カミナリトカゲ」を意味することから。

せいぶつデータ

名前	サウロポセイドン	生息年代	中生代白亜紀
生息地	アメリカ	分類	りゅうばん目りゅうきゃく類
体長	34m	体重	50000kg	食性	植物食

　アステカ神話の神・ケツァルコアトルから名がついたケツァルコアトルス。ギリシャ神話神・クロノスから名がついたクロノサウルス。古の神々から名を受けついだ古生物は少なくない。

　サウロポセイドンも、そのうちの一しゅだ。ポセイドンはギリシャ神話に登場する海の神で、地しんやつ波をあやつるとされている。もちろんサウロポセイドンにそんな力はないが、この巨体なら地ひびきぐらいは起こせそうだ。まだ首のほねの一部しか見つかっていないが、そのうちのひとつは長さが1.4メートルもあった。すべてのきょうりゅうの中で、もっとも体高が高かったというせつもあるのだ。

大きさ比較図
SAUROPOSEIDON
LENGTH:34m
WEIGHT:50000kg
130cm

QUIZ
Q.サウロポセイドンの化石がはじめて見つかった場所は？
①けいさつしょ
②けいむ所
③駅

こたえは次のページ

アラモサウルス

きょうりゅうたちの生きのこり

生息年代｜せいそくねんだい　2億5000万　2億　1億5000万　1億　5000万　0（年前）
→ げんざい

古生代｜中生代｜新生代

豆知しき

オルドビス紀まつ、デボン紀まつ、ペルム紀まつ、三じょう紀まつ、白あ紀まつと、これまでに5回の大りょうぜつめつが起こっている。きょうりゅうたちは、白あ紀まつのいん石落下によりぜつめつに追いこまれた。

びっくり度
S・A・B・C
B

他のきょうりゅうより運がよかった？

こたえ　②けいむ所　アメリカのオクラホマ州のけいむ所の中で発見された。

せいぶつデータ

名前	アラモサウルス	生息年代	中生代白あ紀
生息地	アメリカ	分類	りゅうばん目りゅうきゃく類
体長	30m	体重	30000kg
食性	植物食		

　白あ紀の終わりごろ、地球に直けい10キロをこす巨大ないん石がふってきた。しょうげきでまったすなが太陽の光をさえぎり、地球の気温は一気にてい下。植物が育たなくなり、草食動物が次々とうえ死にし、それを食りょうにしていた肉食動物もすがたを消した。この時、地球上の生物の4分の3がぜつめつしてしまったのだ。

　きょうりゅうたちもほとんどがぜつめつしたが、わずかながら生きのびたものもいた。そのうちの一しゅと考えられているのが、アラモサウルスだ。

　よほど日ごろの行いがよかったのか、その後70万年も生きのびたという。暗く、寒く、まわりが次々とぜつめつする中で、かれらは何を思っていたのだろうか。

大きさ比較図

ALAMOSAURUS
LENGTH:30m
WEIGHT:30000kg

130cm

QUIZ クイズ

Q. これまで発見されているきょうりゅうは何しゅ類ぐらい?
① 100しゅ類　② 1000しゅ類
③ 10000しゅ類

こたえは次のページ

どことなくモデル体けい
トゥリアサウルス

| 生息年代 | せいそくねんだい | 2億5000万 | 2億 | 1億5000万 | 1億 | 5000万 | 0 (年前) |

→ げんざい

豆知しき まめちしき

実はヨーロッパさんのきょうりゅうは小がたのものが多い。当時あのあたりは大半が海にしずんでおり、りく地といえば島だった。かぎられた土地の中では、大がた化するメリットが少なかったのだろう。

びっくり度 S・A・B・C → **B**

古生代 / 中生代 / 新生代

さい大のきょうりゅう ヨーロッパ

こたえ ②1000しゅ類　世界中で1000しゅ類ほどのきょうりゅうが見つかっている。

せいぶつデータ

名前	トゥリアサウルス	生息年代	中生代ジュラ紀〜白あ紀
生息地	スペイン	分類	りゅうばん目りゅうきゃく類
体長	30m	体重	40000〜48000 kg
		食性	植物食

　世界の平きん身長を調べると、上いはほとんどがヨーロッパの国々。ヨーロッパという地いきは、生物が大きくなりやすいかんきょうなのだろうか。

　ジュラ紀のヨーロッパにも、トゥリアサウルスという巨大な草食きょうりゅうがいた。スペインのテルエル県で発見されたかれらは「ヨーロッパし上さい大のきょうりゅう」とされ、体長は30メートルと考えられている。

　ヨーロッパ人というと手足が長く、スラリとしたイメージがあるが、トゥリアサウルスもまた上わんこつが1.8メートル、大たいこつが2.2メートルもあった。それにくわえ、この小顔。当時はまだ、パリコレがなかったのがおしいところだ。

大きさ比較図

TURIASAURUS
LENGTH:30M
WEIGHT: 40000-48000KG

130cm

QUIZ

Q. 次のうち、ヨーロッパで見つかっていないきょうりゅうは？
① アロサウルス
② イグアノドン
③ トリケラトプス

こたえは次のページ

フタロンコサウルス

全身こっかくの70％を発見ずみ

生息年代｜2億5000万　2億　1億5000万　1億　5000万　0（年前）→げんざい

古生代／中生代／新生代

ほぼまちがいなくこの大きさ

びっくり度
S・A・B・C
A

豆知しき
かん全なこっかくが見つかっているきょうりゅうは少ない。一部しか見つかっていないものは、すでに見つかっている近い分類のしゅの同部分のほねとくらべて、大きさやとくちょうをみちびき出すのだ。

こたえ ③トリケラトプス　トリケラトプスはアメリカやカナダに生息していた。

せいぶつデータ

名前	フタロンコサウルス	生息年代	中生代白あ紀
生息地	アルゼンチン	分類	りゅうばん目りゅうきゃく類
体長	32m	体重	38000〜50000kg	食性	植物食

　きょうりゅうの大きさというものは、見つかっているほねが少なければ少ないほど、「すい定」が入りこんでくる。ちょう大がたきょうりゅうといわれるスーパーサウルスやアルゼンチノサウルスにしても、その大きさは一部のほねからすい定されているもので、実さいの体長は分からないのだ。

　そんな中、フタロンコサウルスは全身のほねのうち70％が発見されている。これは、巨大なりゅうきゃく類の中でさい多だ。そこからすい定される体長は32メートル。ほぼまちがいのない数字といってよいだろう。

　かれらは高さだけでなく横にも広かったようで、こしのほねのはばは3.3メートルもあった。

大きさ比較図
FUTALOGNKOSAURUS
LENGTH:32M
WEIGHT: 38000-50000KG
130cm

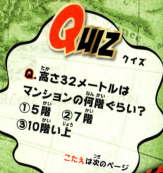

QUIZ
Q.高さ32メートルはマンションの何階ぐらい？
①5階　②7階
③10階い上

こたえは次のページ

スーパーなサウルス
スーパーサウルス

生息年代｜せいそくねんだい　2億5000万　2億　1億5000万　1億　5000万　0（年前）
→げんざい

きょうりゅう界さい大の座はだれの手に!?

豆知しき｜まめちしき

頭の小ささもりゅうきゃく類のとくちょうだ。かれらは木の葉さえ食べられればOK。するどい歯も強力なアゴもひつようなかったのだ。頭が小さかったからこそ、首を長くすることもできたのだろう。

びっくり度　S・A・B・C　**A**

こたえ ③10階い上　ふつうのマンションは1階あたりの高さがやく3メートル。

せいぶつデータ

名前	スーパーサウルス	生息年代	中生代ジュラ紀
生息地	アメリカ、ポルトガル	分類	りゅうばん目りゅうきゃく類
体長	33m	体重	32000～36000kg	食性	植物食

　1972年、スーパーサウルスという巨大きょうりゅうの化石が発見された。なんかスゴそうな名前だが、当時「し上さい大のきょうりゅうか？」と言われていた。

　ところが1979年、ウルトラサウルスと名づけられた巨大きょうりゅうが見つかる。はたしてどちらが大きいのか。はげしいタイトルあらそいが始まった。

　ところが、後の研究により、ウルトラサウルスと思われていたほねが、実はスーパーサウルスのものであることが分かった。やっぱりスーパーサウルスがナンバーワン！……となりそうだが、1993年には体長35メートルのマメンチサウルスが発見され、スーパーサウルスをし上さい大とする声は、あまり聞かれなくなっていた。

大きさ比較図

SUPERSAURUS
LENGTH:33m
WEIGHT: 32000-36000kg

130cm

QUIZ

Q.スーパーサウルスの1日の食事りょうは？
①100キロ　②300キロ
③500キロ

こたえは次のページ

ティタノサウルス

ティタノサウルス類代表

生息年代 | せいそくねんだい　2億5000万　2億　1億5000万　1億　5000万　0（年前）
→ げんざい

びっくり度
S・A・B・C
C

なか間の方がずっと有名

豆知しき まめちしき
ティタノサウルス類は、きょうりゅうが大ぜつめつする前の、さい後のりゅうきゃく類のグループだった。生息はんいが広く、南きょく大りくをふくむ全ての大りくから化石が発見されている。

こたえ　③500キロ　1日に500キロもの植物を食べていたようだ。

102

せいぶつデータ

名前	ティタノサウルス	生息年代	中生代白あ紀
生息地	アルゼンチン、ヨーロッパ、アフリカ(ケニア、マダガスカル、ニジェール)	分類	りゅうばん目りゅうきゃく類
体長	12m	体重	14000kg	食性	植物食

　アルゼンチノサウルスも、アラモサウルスも、パラリティタンも、みんなティタノサウルス類というグループにまとめられる。では、その命名もとであるティタノサウルスとは、どのようなきょうりゅうだったのだろう。
　体長はすい定12メートル。小さくはないが、とくべつ大きいとも言えない。その名はギリシャ神話の巨人族ティタンに由来するが、知らない人からは「え？　ティラノサウルスでしょ？」と言われてしまいそうだ。
　かれらは何も悪くない。ただグループの代表者としては、ちょっとばかりかげがうすい。分類上の問題からも、「ティタノサウルス」という名しょうを使用すべきではないという研究者もいる。

大きさ比較図

TITANOSAURUS
LENGTH：12M
WEIGHT：14000KG

130cm

QUIZ クイズ

Q. 発見されているティタノサウルス類は何しゅ類？
①やく20しゅ類
②やく50しゅ類
③やく150しゅ類

こたえは次のページ

アルゼンチノサウルス

南米を代表する巨大きょうりゅう

生息年代｜せいそくねんだい　2億5000万　2億　1億5000万　1億　5000万　0（年前）　→ げんざい

古生代 / 中生代 / 新生代

こんなに大きくなりました

びっくり度　S・A・B・C　**S**

豆知しき（まめちしき）

大がたのりゅうきゃく類はじゅ命がとても長く、50年い上生きたというせつもある。15年ほどで20メートルまでせい長し、その後はゆっくり大きくなっていったと考えられているのだ。

こたえ　②やく50しゅ類　これまでにやく50しゅ類のティタノサウルス類が発見されている。

104

せいぶつデータ

名前	アルゼンチノサウルス	生息年代	中生代白あ紀
生息地	アルゼンチン	分類	りゅうばん目りゅうきゃく類
体長	30m	体重	50000kgい上	食性	植物食

　し上さい大のきょうりゅうは、一体どこのどいつなのか。アルゼンチノサウルスも、そのこうほの一角と言うことができるだろう。全長はすい定30メートル。その名の通り、アルゼンチンに生息していた。

　りゅうきゃく類の進化をさかのぼれば、エオラプトルという原始てきなきょうりゅうにたどりつく。エオラプトルの全長は1メートル前後。学名には「夜明けのどろぼう」という意味があり、下っぱ感がすさまじい。

　それが時をへて、進化を重ね、30メートルのアルゼンチノサウルスにたどりついたのだ。巨大生物をあつかう本書としては、ひとまずエオラプトルにはく手を送りたいところだ。

大きさ比較図

ARGENTINOSAURUS
LENGTH:30m
WEIGHT:50000kg OR MORE

130cm

QUIZ

Q.りゅうきゃく類のたまごの直けいはどれぐらい？
①やく20センチ
②やく60センチ
③やく1メートル

こたえは次のページ

し上さい大級の魚類
リードシクティス・プロブレマティカス

| 生息年代 | せいそくねんだい | 2億5000万 | 2億 | 1億5000万 | 1億 | 5000万 | 0 (年前) |

→ げんざい

古生代 / 中生代 / 新生代

マンボウなんて小さい小さい

豆知しき まめちしき

リードシクティス・プロブレマティカスは、プランクトンを食べてくらしていた。この巨体にに合わず、とてもおとなしいせいかくをしていたのだ。大きな口をポッカリと広げ、海中を泳いでいたのだろう。

こたえ ①やく20センチ　意外にも、たまごや赤ちゃんのサイズはそれほど大きくない。

びっくり度 S・A・B・C **A**

せいぶつデータ

名前	リードシクティス・プロブレマティカス	生息年代	中生代ジュラ紀
生息地	チリ、イギリス、ドイツなど	分類	じょうきこう パキコルムス類
体長	16.5m	体重	?kg
		好物	プランクトン

　本書とかけまして、さい近の食たくととぎます。その心は？　どちらもあまり魚が出てきません（ドッ！）。そんななぞかけはどうでもいいが、魚りゅうや首長りゅうにくらべ、目立って巨大化する魚類は少なかった。

　だが中には、リードシクティス・プロブレマティカスのように、全長が15メートルをこえるものもいた。しかもそれらは、なんこつ魚類ではなく、こうこつ魚類だったのだ。げん代さい大の魚類はジンベエザメで、なんこつ魚類。その大きさは12メートルい上になる。こうこつ魚類となると、4メートルほどのマンボウまでスケールダウンしてしまう。15メートルごえのこうこつ魚類とは、おどろくべきそんざいなのである。

大きさ比較図

LEEDSICHTHYS PROBLEMATICUS
LENGTH: 16.5m
WEIGHT: ? KG

130cm

QUIZ

Q. げん代さい大の魚類、ジンベエザメの好物は？
① 魚　② イカ
③ プランクトン

こたえは次のページ

スピノサウルス

やっぱりせんそうはよくない

生息年代｜せいそくねんだい　2億5000万　2億　1億5000万　1億　5000万　0（年前）→げんざい

古生代／中生代／新生代

びっくり度 S・A・**B**・C → **A**

ティラノサウルス よりも巨大

せいぶつデータ
- 名前：スピノサウルス
- 生息年代：中生代白あ紀
- 生息地：アフリカ（カメルーン、ケニア、モロッコ、ニジェール、チュニジア）、エジプト
- 分類：りゅうばん目じゅうきゃく類
- 体長：15m　体重：21000kg
- 好物：魚

スピノサウルスはし上さい大級の肉食きょうりゅうだ。多くの時間を水中ですごし、肉食きょうりゅうとしてはめずらしく魚を好んで食べていた。1915年に化石が発見されたのだが、1944年にせんそうでうしなわれ、長い間なぞのきょうりゅうとしてあつかわれていた。

大きさ比較図

SPINOSAURUS
LENGTH: 15M
WEIGHT: 21000KG

130cm

こたえ　③プランクトン　リードシクティス・プロブレマティカスと同様にプランクトンを食べる。

古代からこんにちワニ
サルコスクス

生息年代 | 2億5000万 | 2億 | 1億5000万 | 1億 | 5000万 | 0（年前）
→げんざい

きょうりゅうにも ひるまない

びっくり度 S・A・**B**・C
B

せいぶつデータ
- 名前：サルコスクス
- 生息年代：中生代白あ紀
- 生息地：ニジェール、アルジェリア、ブラジル、マリ、モロッコ、チュニジア
- 分類：は虫類 ワニ目　体長：12m
- 体重：8000kg　食性：肉食

これまでにもエオティタノスクスなどワニ風味の生物をしょうかいしてきたが、サルコスクスはれっきとしたワニのなか間だ。肉食で、魚だけでなくきょうりゅうをおそうこともあったという。きょうりゅうVS巨大ワニ。当時はこんなアツいたたかいが実さいに行われていたのだ。

大きさ比較図

130cm

SARCOSUCHUS
LENGTH：12m
WEIGHT：8000kg

短い前あし、長い後ろあし

カルノタウルス

| 生息年代 | せいそくねんだい | 2億5000万 | 2億 | 1億5000万 | 1億 | 5000万 | 0 (年前) → げんざい |

びっくり度
S・A・B・C
B

大がた じゅうきゃく類 さい速ランナー

せいぶつデータ
名前：カルノタウルス
生息年代：中生代白あ紀
生息地：アルゼンチン
分類：りゅうばん目じゅうきゃく類
体長：8m　体重：2000kg
食性：肉食

大きさ比較図

CARNOTAURUS
LENGTH:800cm
WEIGHT:2000kg

130cm

ティラノサウルスも前あしが短いことで知られるが、カルノタウルスはさらに短かった。おそらく、何の役にも立っていなかったのだろう。ただその分、後ろあしが発たつしており、とても速く走ることができたようだ。大がたじゅうきゃく類の中で、もっとも速かったというせつもある。

クイズ　カルノタウルスの名に出てくる動物は？　①ウシ　②ヒツジ　③ヤギ

ついたあだ名は「ブルドッグ」
シファクティヌス

生息年代｜2億5000万　2億　1億5000万　1億　5000万　0（年前）→げんざい

大きな口で魚を丸のみ

びっくり度 S・A・B・C
B

せいぶつデータ
名前：シファクティヌス
生息年代：中生代白あ紀
生息地：北アメリカ、ベネズエラ、ヨーロッパなど
分類：こうこつ魚類 じょうき類
体長：6m　**体重**：?kg
好物：魚

シファクティヌスの化石を調べると、自分の体の半分ほどもある魚が丸ごと入っていたという。大きな口で丸のみしたのはいいが、魚が体内であばれ、そのダメージで死んだものが化石になったのだろう。マヌケ感はあるが、かれらが強力なほ食者であることを物語るエピソードだ。

◀こたえはP112にあるよ

大きさ比較図
130cm
XIPHACTINUS
LENGTH:600CM
WEIGHT: ? KG

ティラノサウルスの生き写し
タルボサウルス

生息年代｜2億5000万　2億　1億5000万　1億　5000万　0（年前）
→げんざい

古生代／中生代／新生代

アジアさい大の肉食きょうりゅう

びっくり度 S・**A**・B・C

せいぶつデータ
名前：タルボサウルス
生息年代：中生代白あ紀
生息地：モンゴル、中国、ロシア
分類：りゅうばん目じゅうきゃく類
体長：12m　体重：5000kg
食性：肉食

タルボサウルスは、見た目もサイズもティラノサウルスとほとんどかわらない。だが研究のけっか、タルボサウルスの方が少しだけ体がスリムであることが分かった。そんなの春物と秋物ぐらいのちがいに思えるが、今のところ、かれらはべつのしゅ類だと考えられている。

大きさ比較図

TARBOSAURUS
LENGTH：12m
WEIGHT：5000kg

130cm

こたえ　①ウシ　カルノタウルスは「肉食のウシ」という意味。肉食動物で角があるものはとてもめずらしい。

うまれたばかりでも1メートル
ティロサウルス

生息年代｜せいそくねんだい　2億5000万　2億　1億5000万　1億　5000万　0（年前）　→げんざい

大人になったら14メートル

びっくり度 S・A・B・**C**
A

せいぶつデータ
名前：ティロサウルス
生息年代：中生代白あ紀
生息地：北アメリカ、ヨーロッパ、ヨルダン
分類：は虫類 有りん目　体長：14m
体重：?kg　食性：肉食

大きさ比較図

TYLOSAURUS
LENGTH: 14M
WEIGHT: ? KG

130cm

ティロサウルスは、海の中で赤ちゃんをうんだ。赤ちゃんの大きさは、うまれたばかりでも1メートル。とってもヘビーなベビーだが、他の肉食動物に食べられてしまうことも多かった。だが大人になれば、今度はこっちの番。弱肉強食の言葉の通り、目に入るエモノを次から次へと食べていったのだ。

ユタラプトル

大きなかぎツメがぶき

生息年代 | 2億5000万　2億　1億5000万　1億　5000万　0（年前）→げんざい

古生代／中生代／新生代

体もデカけりゃツメもデカい

びっくり度
S・A・**B**・C

せいぶつデータ
名前：ユタラプトル
生息年代：中生代白あ紀
生息地：アメリカ
分類：りゅうばん目じゅうきゃく類
体長：7m　体重：1000kg
食性：肉食

ユタラプトルは、全長7メートルという巨体にくわえ、後ろ足に20センチをこす大きなかぎツメを持っていた。肉食動物で、このツメをぶきに、せっきょくてきにエモノにおそいかかっていたのだろう。またかれらは頭もよく、集だんでかりをしていたというせつもある。

大きさ比較図

UTAHRAPTOR
LENGTH:700cm
WEIGHT:1000kg
130cm

クイズ 名前の「ユタ」が指すものは？ ①アメリカのユタ州 ②発見者であるユタはかせ ③アメリカのせんかんの名前

エドモントサウルス

何度も歯が生えかわる

生息年代｜せいそくねんだい　2億5000万　2億　1億5000万　1億　5000万　0（年前）
→ げんざい

びっくり度 S・A・B・C
B

かたいものも ゴリゴリ食べる

人間の歯は一生に一度しか生えかわらない。それに対しエドモントサウルスは、古くなるとぬけ落ち、何度も生えてくるというべんりな歯を持っていた。そんな歯があれば、欠けようがすりへろうが大して気にすることはない。かたいかたい植物でも、平気な顔で食べていた。

せいぶつデータ
- **名前**：エドモントサウルス
- **生息年代**：中生代白あ紀
- **生息地**：カナダ、アメリカ
- **分類**：鳥ばん目鳥きゃく類
- **体長**：15m　**体重**：9000kg
- **食性**：植物食

大きさ比較図

EDMONTOSAURUS
LENGTH：15M
WEIGHT：9000KG

130cm

◀ こたえはP116にあるよ

し上さい大級の魚りゅう
ショニサウルス

| 生息年代 | 2億5000万 | 2億 | 1億5000万 | 1億 | 5000万 | 0 (年前) |

→ げんざい

びっくり度
S・**A**・B・C

歯があるのは子どもだけ

ショニサウルスは、全長21メートルにもなるさい大級の魚りゅう類だ。子どものころには歯があり、アンモナイトや魚を食べていたと考えられている。ところが、この歯は大人になるとなくなってしまう。大人が何を食べていたのかは、まだはっきりとわかっていないのだ。

せいぶつデータ
- **名前**：ショニサウルス
- **生息年代**：中生代三じょう紀
- **生息地**：カナダ、アメリカ
- **分類**：は虫類 魚りゅう目
- **体長**：21m　**体重**：35000kg
- **食性**：肉食

大きさ比較図
SHONISAURUS
LENGTH：21m
WEIGHT：35000kg

130cm

こたえ ①アメリカのユタ州　ユタ州で発見されたことから。ユタラプトルは「ユタ州のどろぼう」という意味。

アンキロサウルス

「よろいりゅう類」の代表しゅ

生息年代 | 2億5000万 | 2億 | 1億5000万 | 1億 | 5000万 | 0 (年前)
→ げんざい

びっくり度
S・A・B・C
B

ぶきとぼう具を そうびする

せいぶつデータ
- 名前：アンキロサウルス
- 生息年代：中生代白あ紀
- 生息地：アメリカ、カナダ
- 分類：鳥ばん目よろいりゅう類
- 体長：8m　体重：8000kg
- 食性：植物食

アンキロサウルスの全身はほねでできたよろいでおおわれていた。頭はもちろん、まぶたの上までかたく守られていたようだ。また、強力なぶきも持っていた。それが尾の先についたほねのコブだ。これをハンマーのようにふり回して、肉食きょうりゅうをこうげきしていた。

大きさ比較図

ANKYLOSAURUS
LENGTH:800CM
WEIGHT:8000KG

130cm

ヒトデやウニのなか間
セイロクリヌス

生息年代｜せいそくねんだい　2億5000万　2億　1億5000万　1億　5000万　0（年前）
→げんざい

古生代
中生代
新生代

びっくり度
S・A・B・C
C

見せ場のない大海原の旅

せいぶつデータ
名前：セイロクリヌス
生息年代：中生代ジュラ紀
生息地：カナダ、アメリカ、ドイツ
分類：きょく皮動物 ウミユリ類
体長：26m　体重：?kg
食性：けんだく物食

マンガ『ONE PIECE』が始まるはるか昔のジュラ紀にも、なか間とともに大海原を旅したものたちがいた。それがセイロクリヌスだ。かれらを運んだのは、海ぞく船ではなくそのへんの流木。セイロクリヌスは流木に集だんでくっついたまま、ひたすら海をただよっていたのだ。

大きさ比較図
SEIROCRINUS SUBANGULARIS
LENGTH:26M　WEIGHT:? KG

130cm

クイズ　次のうち、実ざいしない生物はどれ？　①ウミタンポポ　②ウミバラ　③ウミヒマワリ　◀こたえはP120

第3章
新生代

やく6600万年前〜げんざい

ついにほにゅう類と鳥類の時代がやってきた。見たことあるような生物のビッグサイズばんが地球を歩いていたんだ！

ぽかぽか陽気にさそわれて
ティタノボア

| 生息年代｜せいそくねんだい | 6000万 | 5000万 | 4000万 | 3000万 | 2000万 | 1000万 (年前) |

➡ げんざい

古生代 / 中生代 / 新生代

豆知しき
ヘビのなか間は、泳ぎがとく意なものが多い。ティタノボアにしてもねったい雨林の中の川の近くでくらし、川を泳ぎ回っては好物の魚を食べていたと考えられている。

びっくり度 S・A・B・C
S

13メートルのちょう巨大ヘビ

こたえ ③ウミヒマワリ　ウミタンポポは海そうの一しゅ。ウミバラはサンゴの一しゅ。

せいぶつデータ

名前	ティタノボア	生息年代	新生代古第三紀ぎょう新世
生息地	コロンビア	分類	は虫類 有りん目
体長	13m	体重	1100kg	食性	肉食

　ティタノボアは、これまで見つかっている中でもっとも巨大なヘビだ。体長はすい定13メートルにもなり、時にワニさえも丸のみすることがあったようだ。

　ヘビのなか間は、気温によって体温が上下するへん温動物。へん温動物はあたたかいほど大がた化し、寒いほど小がた化しやすいという。ティタノボアが生息した6000万年前の地球は今よりもあたたかく、そのおかげでここまで巨大化することができたのだろう。

　そしてかれらは長いだけでなく、体重も1トンをこえていたとすい定される。げん代でもっとも重いヘビ、アナコンダが250キロほどであることを考えると、しんじられない大きさだ。

大きさ比較図
TITANOBOA
LENGTH:13M
WEIGHT:1100kg
130cm

QUIZ

Q. ティタノボアの大きさはどれに近い?
① 大がたバス1台分
② 山手線1車両分
③ 新かん線のぞみ1車両分

こたえは次のページ

ジャイアントモア

とべない代わりに、もうダッシュ

生息年代｜せいそくねんだい
50万　40万　30万　20万　10万　0 (年前)
→ げんざい

豆知しき まめちしき

ジャイアントモアは、食べ物の消化を助けるために石を飲みこむ習せいがあった。肉や羽毛をもとめた人類はそれを利用し、ジャイアントモアにやいた石を飲ませてころしたのだ。

古生代｜こせいだい
中生代｜ちゅうせいだい
新生代｜しんせいだい

びっくり度
S・A・**B**・C
A

鳥の中で一番高身長

こたえ ①大がたバス1台分　大がたバスの大きさは12メートルほど。

せいぶつデータ

名前	ジャイアントモア	生息年代	1.2万年前～数百年前
生息地	ニュージーランド	分類	鳥類 モア目
体長	3.6m	体重	230kg	食性	植物食

　一言で言えば「ドデカいダチョウ」である。ダチョウだって今の地球上ではさい大の鳥だし、その体高は2メートルをこえる。だがジャイアントモアは、それよりもはるかに巨大だったのだ。

　体高はさい大3.6メートル、体重は230キロもあったとすい定されている。重さでは上がいるが、せの高さはこれまでに発見されている鳥類の中でナンバーワン。かかあ天下だったのか、オスよりもメスの方が1.5倍も大きかったようだ。

　しかし元々はんしょく力が弱く、人類に出会ってしまったのも悲運だった。今から数百年ほど前に、ぜつめつしてしまった。

大きさ比較図

GIANT MOA
LENGTH:360cm
WEIGHT:230kg

130cm

QUIZ

Q. ジャイアントモアの和名に入るものは？
① ヨコヅナ
② オオゼキ
③ セキワケ

こたえは次のページ

ついに登場！ オレたち、れい長類
ギガントピテクス

生息年代｜せいそくねんだい　5000万　4000万　3000万　2000万　1000万　0（年前）
→げんざい

古生代／中生代／**新生代**

身長は2メートル以上？

びっくり度
S・**A**・B・C
A

豆知しき
ギガントピテクスとパンダは、ともに中国に生息し、同じような食生活を送っていた。パンダが竹やササの葉をモリモリ食べたため、食りょうがなくなってぜつめつしたと言われている。

こたえ　②オオゼキ　ジャイアントモアの和名は「オオゼキオオモア」。

せいぶつデータ

名前	ギガントピテクス	生息年代	新生代第四紀こう新世
生息地	中国、ベトナム、インド	分類	ほにゅう類 れい長目
体長	2m	体重	300kg	食性	植物食

　新生代の終わりごろになると、いよいよわたしたちと同じれい長目ヒト科がはんえいを始める。たとえば、ギガントピテクスとよばれる類人猿もそのうちの一しゅだ。これまでしょうかいしてきた生物たちにくらべ、その見た目はどこかなつかしさを感じさせる。

　その名はよく知られているが、実さいのところギガントピテクスはなぞが多い。歯と下アゴの化石しか見つかっていないため、身長もよく分かっていないのだ。

　ただ少なくとも、その下アゴがわたしたちの2倍い上もあったことはたしかだ。そのことからギガントピテクスは、2メートルをこえるれい長類であったと考えられているのだ。

大きさ比較図

GIGANTOPITHECUS
LENGTH:200CM
WEIGHT:300KG

130cm

Q. 次のヒト科のなか間のうちのうがもっとも大きいのは？
① ゴリラ　② チンパンジー
③ オランウータン

こたえは次のページ

でも木登りは苦手
メガテリウム

生息年代 | 5000万　4000万　3000万　2000万　1000万　0 (年前)
→ げんざい

びっくり度 S・A・B・C → S

古生代 / 中生代 / 新生代

強すぎるナマケモノ

豆知しき
人類と出会ってしまったことで、メガテリウムの平和な時間は終わった。ヤリなどのぶきを持った人類に次々とかられ、そのままぜつめつしてしまったと考えられている。

こたえ ❶ゴリラ　ゴリラ＞オランウータン＞チンパンジー。

せいぶつデータ

名前	メガテリウム	生息年代	新生代新第三紀せん新世〜かん新世
生息地	南アメリカ、アメリカ	分類	ほにゅう類 有毛目
体長	6m	体重	4000kg	食性	植物食

　星の数ほどいる動物の中でも「ナマケモノ」ほどストレートな名前を持つものはめずらしい。ほとんど動かないからナマケモノ。その名を聞いて「なんて強そうなんだ！」とはまず思わないし、実さい気のどくなほど弱い。
　だが新生代第四紀こう新世の時代には、むてきをほこったナマケモノがいた。その名もメガテリウム。げん代のナマケモノは大きくても70センチほどだが、メガテリウムの体長は6メートルもあったという。
　かれらは地上でくらしていたが、これだけのサイズであれば、天てきといえる相手はいなかっただろう。かんたんにやられてしまう子そんを見て、今ごろ天国でため息をついているかもしれない。

大きさ比較図

MEGATHERIUM
LENGTH:600cm
WEIGHT:4000KG

130cm

QUIZ クイズ

Q.ナマケモノがわざわざ木からおりてすることはどれ？
①交尾　②食事
③トイレ

こたえは次のページ

あぁ、おなかすいたなぁ
メガドン

| 生息年代 | せいそくねんだい | 2億5000万 | 2億 | 1億5000万 | 1億 | 5000万 | 0 (年前) |

→ げんざい

古生代
中生代
新生代

クジラすら食べちゃう ちょう巨大なサメ

びっくり度
S・A・B・C
S

豆知しき

サメのほねはやわらかく、き本てきに化石としてのこらない。そのためサメの化石といえば、ほとんどが歯の化石なのだ。メガロドンにしても、歯の化石から体けいがすいそくされている。

こたえ ❸トイレ 交尾も食事も木の上で行うが、トイレの時は木から下りる。

せいぶつデータ

名前	メガロドン	生息年代	新生代古第三紀~新生代第四紀こう新世
生息地	世界かく地	分類	なんこつ魚類 ネズミザメ目
体長	18m	体重	20000kg	好物	クジラ

　メガロドンの和名は「ムカシオオホホジロザメ」という。昔いた大きなホホジロザメ。何とも分かりやすい名前だ。

　ホホジロザメといえば、「サメ＝人食い」というイメージを植えつけた、サメ界一のあばれんぼうである。実さいのところほとんどのサメは気が小さく、人をおそうことはないのだが、ホホジロザメはこれまでに多くの人命をうばってきた。

　ホホジロザメも全長やく6メートルと巨大だが、メガロドンの全長はその3倍い上もあった。当時の海ではさい強のそんざいだったが、時代とともに食りょうがなくなり、ぜつめつしたと考えられているのだ。

大きさ比較図

MEGALODON
LENGTH:18m
WEIGHT:20000kg

130cm

QUIZ クイズ

Q. かつての日本人は、メガロドンの歯の化石を何だと思っていた？

① カッパの皿　② テングのツメ
③ 人魚の尾っぽ

こたえは次のページ

自分、これでもウサギです
ヌララグス・レックス

生息年代	5000万	4000万	3000万	2000万	1000万	0 (年前)

→ げんざい

古生代 / 中生代 / **新生代**

「のんびり」ってこういうこと

びっくり度
S・A・**B**・C

豆知しき
元々オーストラリアにはウサギがいなかった。ところが1859年にイギリス人が24羽のウサギを持ちこむと、これが8億羽にまでふえた。生たいけいが大きくかわってしまったのだ。

こたえ ②テングのツメ　日本でも出土しており、かつてはテングがのこしたものと考えられていた。

せいぶつデータ

名前	ヌララグス・レックス	生息年代	新生代新第三紀せん新世
生息地	スペイン	分類	ほにゅう類 ウサギ目
体長	90cm	体重	12kg	食性	植物食

　2011年、スペインのメノルカ島で巨大なウサギの化石が発見された。360〜530万年前に生息していたとされるこのウサギは、「メノルカのウサギの王」を意味するヌララグス・レックスと名づけられた。

　つぶらなお目目……ない。長〜いお耳……ない。ピョンピョンうさぎとび……できない。頭のほねや歯にはウサギらしさがあったが、かれらはげん代のウサギとはまるでにていなかった。目は小さいし、耳も短いし、動きもとてもノロかったのだ。

　ようするに何もできなかったわけだが、当時のメノルカ島には天てきもいなかったという。うっかり巨大化するほどに、のんびりとすごしていたのだろう。

大きさ比較図
NURALAGUS REX
LENGTH:90CM
WEIGHT:12KG
130cm

QUIZ

Q.ウサギのそ先はいつごろたん生した？
①1000万年前
②2000万年前
③4000万年前

こたえは次のページ

せいぶつデータ

名前	アンドリュウサルクス	生息年代	新生代古第三紀始新世
生息地	中国内モンゴル	分類	ほにゅう類 ぐうてい目
体長	3.8m	体重	450kg	好物	肉、くさった肉

　新生代古第三紀に入ると草食せいのほにゅう類が多様化し、それをねらう肉食ほにゅう類も数をふやした。ちなみにイヌやネコのそ先が登場したのもこの時代。
　大がた化したものも多かったが、中でもアンドリュウサルクスは巨大だった。「百じゅうの王」とよばれるライオンより一回りも二回りも大きく、りく上で生活する肉食ほにゅう類としては、し上さい大級。とくに頭が大きく、体長の４分の１ほどもあった。
　ただかれらは、すぐれたハンターではなかったようだ。運動オンチのイケメンを見た時のような勝手なガッカリ感をいだいてしまうが、自分ではせっきょくてきにかりをせず、動物の死体を食べていたと考えられているのだ。

大きさ比較図

ANDREWSARCHUS
LENGTH: 380cm
WEIGHT: 450kg

130cm

QUIZ

Q. アンドリュウサルクスはい前まで何のなか間だと考えられていた？
① クジラ　② カメ
③ サメ

こたえは次のページ

できればずっと食べていたい
パラケラテリウム

生息年代｜せいそくねんだい　5000万　4000万　3000万　2000万　1000万　0（年前）
→げんざい

豆知しき｜まめちしき

パラケラテリウムは、きてい類というグループにふくまれる。げんざい、きてい類はウマ科、バク科、サイ科の3科のみしかそんざいしないが、古第三紀には色々なきてい類が生息していたのだ。

びっくり度 S・A・B・C
S

キリンのような巨大サイ

こたえ ①クジラ　歯の形などがにていたことから、クジラに近い分類のしゅと考えられていた。

せいぶつデータ

名前	パラケラテリウム	生息年代	新生代古第三紀始新世～ぜん新世
生息地	アジア、スペイン、ブルガリア	分類	ほにゅう類 きてい目
体長	7.5m	体重	15000kg
食性	植物食		

　ウマのようなキリンにも、キリンのようなゾウにも見えるが、パラケラテリウムはサイのなか間だ。体長は7.5メートル。かたの高さでも4.5メートルあったとされており、し上さい大のりく生ほにゅう類とする声も多い。
　サイのなか間とは言うが、角はなく、あしもスラリと長かった。また、首の長さもサイとは大きくことなっている。おそらく生活スタイルは、高木の葉を食べるキリンに近かったのだろう。
　この体をキープするためには、食べて食べて食べまくっていたはずだ。かんきょうのへん化により木が少なくなると、かれらの巨体は"時代おくれ"となり、そのまま ぜつめつしてしまったと考えられている。

大きさ比較図
PARACERATHERIUM
LENGTH:750cm
WEIGHT:15000kg

130cm

QUIZ

Q.パラケラテリウムを発見したのは？
①インディ・ジョーンズのモデル
②ハリー・ポッターのモデル
③トム・ソーヤのモデル

こたえは次のページ

オステオドントルニス

日本にも生息した巨大鳥

生息年代｜せいそくねんだい　5000万　4000万　3000万　2000万　1000万　0（年前）
→ げんざい

古生代　中生代　新生代

歯があるようでない

びっくり度
S・A・B・C
B

豆知しき　まめちしき
鳥類は、きょうりゅうの中のじゅうきゃく類というグループから進化したとされる。このじゅうきゃく類には、ティラノサウルスやスピノサウルス、テリジノサウルスなどがいる。

こたえ　①インディ・ジョーンズのモデル　ロイ・チャップマン・アンドリュース。インディ・ジョーンズのモデルとされる。

せいぶつデータ

名前	オステオドントルニス	生息年代	新生代新第三紀中新世
生息地	日本、アメリカ	分類	こっしつ歯鳥類
翼開長	4.9m	体重	?kg
食性	肉食		

げん代の鳥の中で、歯を持っているものはいない。空をとぶために、体を少しでも軽くするためだろうか。鳥類はきょうりゅうの子そんと言われているが、その進化の中で歯をうしない、クチバシをえたのだ。

ではここで、あらためてオステオドントルニスのすがたを見てみよう。歯が生えているように見えるし、かれらの学名には「こっしつの歯を持つ鳥」という意味がある。だがやはり、かれらは歯を持っていなかった。

まるでなぞなぞのような話だが、これは本物の歯でなく、クチバシ自体が歯のようにギザギザしていたのだ。オステオドントルニスのようなとくちょうを持つ鳥たちは「こっしつ歯鳥類」とよばれている。

大きさ比較図

OSTEODONTORNIS
LENGTH:490cm
WEIGHT: ? KG

130cm

QUIZ

Q.クチバシを持たないげん代の鳥類は何しゅ類見つかっている?
① 1しゅ類もいない
② やく10しゅ類
③ やく100しゅ類

こたえは次のページ

フォベロミス・パッテルソニ

ウシのように大きいネズミ

生息年代 | 5000万 4000万 3000万 2000万 1000万 0 (年前)
→ げんざい

古生代 / 中生代 / 新生代

もうチビなんて言わせない

豆知しき

げん代のほにゅう類の中で、げっ歯類はもっともはんえいしているグループと言える。この地球上にはやく5000しゅのほにゅう類がそんざいするが、そのうちやく半数がネズミのなか間なのだ。

びっくり度
S・A・B・C
S

こたえ ①1しゅ類もいない　発見されているすべての鳥類がクチバシを持っている。

せいぶつデータ

名前	フォベロミス・パッテルソニ	生息年代	新生代新第三紀中新世〜せん新世
生息地	南アメリカ（ベネズエラ）	分類	ほにゅう類 げっ歯目
体長	3m	体重 700kg	食性 植物食

　きょうりゅうには元々「大きい」というイメージがある。30メートル級の巨大サイズであっても、「まぁ、そんなもんだよね」と思う人が多いことだろう。むしろ、小さいと思っていたものが大きかった、なんていうギャップがあればあるほどインパクトは強い。

　その点において、フォベロミス・パッテルソニはさい高だ。なにせ、あのモルモットのなか間が3メートルもあったのだ。ちなみにすい定体重は700キロ。大きさとしてはウシに近いが、長いしっぽでバランスをとり、後ろ足で立つこともできたようだ。

　モルモットといえばペットとしても人気だが、家に帰ってコレがいたら、さぞめいわくなことだろう。

大きさ比較図
PHOBEROMYS PATTERSONI
LENGTH：300cm
WEIGHT：700kg

130cm

QUIZ

Q. フォベロミスのべつ名「ギニアジーラ」はどんな意味？
① ジーラ町のモルモット
② ジーラさんのモルモット
③ ゴジラのモルモット

こたえは次のページ

ジョセフォアルティガシア

こっちがし上さい大のネズミ

生息年代 | せいそくねんだい　　5000万　4000万　3000万　2000万　1000万　0（年前）
→ げんざい

体重なんと1トン以上

豆知しき
ジョセフォアルティガシアもフォベロミスも南米出身だが、南米には他にもユーメガミスという巨大ネズミがいた。すい定体長は2〜3.5メートル。頭のほねは長さ50センチにたっした。

びっくり度　S・A・B・C → S

こたえ ③ゴジラのモルモット　「ギニアピッグ」（モルモットの英名）＋「ゴジラ」。

せいぶつデータ

名前	ジョセフォアルティガシア	生息年代	新生代新第三紀中新世
生息地	南アメリカ（ベネズエラ）	分類	ほにゅう類 げっ歯目
体長	3m	体重	1000kg	食性	植物食

　前のページではフォベロミスをしょうかいしたが、実はかれらはし上さい大のネズミではない。さらに大きいジョセフォアルティガシアというネズミが、南米で発見されているのだ。

　見た目でいえば、同じくげっ歯類であるカピバラに近いだろうか。体長はフォベロミスと同じく3メートルほどだったが、体重はずっと重く、1トンをこえていたと考えられている。

　し上さい大のざをめぐるあらそいが、ハイレベルすぎて、もはや「ネズミってなんだっけ？」という気分だ。フォベロミスにしてもかれらにしてもベジタリアンだが、ここまで大きくなる意味はあったのだろうか。

大きさ比較図

JOSEPHOARTIGASIA MONESI
LENGTH:300cm
WEIGHT:1000kg

130cm

QUIZ

Q.ジョセフォアルティガシアのかむ力はどれぐらい？
①ハムスターと同じぐらい
②ヒトと同じぐらい
③トラと同じぐらい

こたえは次のページ

キリンとほぼ同サイズ
ティタノティロプス

| 生息年代 | せいそくねんだい | 5000万 | 4000万 | 3000万 | 2000万 | 1000万 | 0（年前） |

→げんざい

古生代 / 中生代 / 新生代

びっくり度 S・A・B・C
A

コブのない巨大ラクダ

豆知しき まめちしき

このティタノティロプスがそうであるように、ラクダ科のそ先は北アメリカでたん生した。当時北アメリカとロシアをつないでいたりく地をわたり、アジアへと進出したのだ。

こたえ ③トラと同じぐらい　前歯のかむ力はトラと同じぐらい強かったと考えられている。

せいぶつデータ

名前	ティタノティロプス	生息年代	新生代新第三紀せん新世〜かん新世
生息地	北アメリカ	分類	ほにゅう類 クジラぐうてい目ラクダ科
体長	5m	体重	?kg	食性	植物食

　見た目でピンと来た人も多いかもしれないが、ティタノティロプスはラクダのなか間だ。キリンにならぶ大きさと、せ中にコブがないことをのぞけば、げん代のラクダとさほどすがたはかわらない。

　ラクダのコブの中には、たくさんのしぼうがつまっている。これは予びのえいようタンクのようなもの。さばくというきびしいかんきょう下では、食りょうが見つからないこともめずらしくない。そんな時にラクダは、コブからえいようをせっ取するのだ。

　一方、ティタノティロプスにはコブがない。「こりゃラクだ」とは言わないまでも、当時は今のさばくほどかこくなかんきょうではなかったのかもしれない。

大きさ比較図
TITANOTYLOPUS
LENGTH:500cm
WEIGHT:? KG

130cm

QUIZ クイズ

Q. 暑さにより強いのはどっち？
① ヒトコブラクダ
② フタコブラクダ
③ どっちも同じくらい

こたえは次のページ

オドベノケトプス

左がわからは見ないで

生息年代 | せいそくねんだい　5000万　4000万　3000万　2000万　1000万　0（年前）
→げんざい

古生代 / 中生代 / 新生代

びっくり度
S・A・B・C
A

右のキバだけ
1メートルい上

豆知しき
げん代の動物の中では、シオマネキが左右ふ対しょうとして有名だ。かれらはカニのなか間で、オスの一方のハサミだけが大きくなる。どちらが大きくなるかは、こ体によってことなるぞ。

こたえ　①ヒトコブラクダ　ヒトコブラクダは暑さに、フタコブラクダは寒さに強い。

せいぶつデータ

名前	オドベノケトプス	生息年代	新生代新第三紀中新世〜せん新世
生息地	ペルー、チリ	分類	ほにゅう類 クジラぐうてい目
体長	2.5〜3m	体重	?kg	好物	二まい貝

　ほとんどの動物の体は、左右対しょうになっている。右がわのあしだけが長ければ歩きづらいし、左がわの羽だけが小さければうまくとべない。ヒトだって、魚だって、鳥だって、左右対しょうになるように進化してきた。

　ところがオドベノケトプスというクジラのなか間は、そんなじょうしきにとらわれなかった。左がわのキバが25センチほどであったのに対し、右がわのキバだけが1メートルをこえていたのだ。

　しかも、このとくちょうが見られるのはオスだけ。おそらくこの長いキバは、オスからメスへのアピールに使われていたのだろう。まちがえて左をのばしてしまい、メスにわらわれたうっかり者はいなかったのだろうか。

大きさ比較図

ODOBENOCETOPS
LENGTH:250-300cm
WEIGHT: ? KG

130cm

QUIZ

Q. オドベノケトプスは、何の顔のクジラという意味？

①アシカ　②オットセイ
③セイウチ

こたえは次のページ

左右合わせて45キロ
ギガンテウスオオツノジカ

| 生息年代 | せいそくねんだい | 5000万 | 4000万 | 3000万 | 2000万 | 1000万 | 0 (年前) |

→げんざい

びっくり度 S・A・B・C
A

角で生き、角で死ぬ

豆知しき
日本にもヤベオオツノジカというこ有しゅが生息していた。足元から角の先たんまでの高さはすい定2.5メートル。今のニホンジカの3倍も大きかったと言われている。

こたえ ③セイウチ 「セイウチ顔のクジラ」という意味。生たいもセイウチににていたようだ。

せいぶつデータ

名前	ギガンテウスオオツノジカ	生息年代	新生代第四紀こう新世
生息地	ヨーロッパ、アジア	分類	ほにゅう類クジラぐうてい目シカ科
体長	2.3m	体重	400kg
食性	植物食		

　日本で「オオツノジカ」といえば、このギガンテウスオオツノジカを指すことが多い。体も大きいが、気になるのはやはり巨大な角だろう。この角は、さい大ではば3メートルにもなったという。

　もし自分に、こんな角が生えていたらどうだろう。カルシウムは足りなくなるし、すばやく動けそうもない。ななめにならないと、電車にだって乗れない。ふべんであることはかんたんにイメージできる。

　この角はオス同しのあらそいやメスへのアピールに使われていたようだが、けっ局のところ、かれらはこの角のせいでぜつめつしてしまったと考えられている。大きすぎるのもこまりものだ。

大きさ比較図

MEGALOCEROS GIGANTEUS
LENGTH:230CM
WEIGHT:400KG

130cm

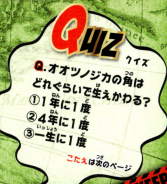

QUIZ

Q.オオツノジカの角はどれぐらいで生えかわる？
①1年に1度
②4年に1度
③一生に1度

こたえは次のページ

アイドルにはほど遠い
ニンバドン・ラバラッコラム

| 生息年代 | 5000万 | 4000万 | 3000万 | 2000万 | 1000万 | 0（年前） |

→げんざい

びっくり度
S・A・B・C
B

体重70キロでの木の上生活

豆知しき
今の地球上で、もっとも大きなじゅ上生活動物はオランウータンだ。オランウータンはオスの方が大きく、体重は70キロほど。体が重いため、地上をい動することも多い。

こたえ ①1年に1度 角が毎年生えかわるため、大りょうのカルシウムをひつようとした。

せいぶつデータ

名前	ニンバドン・ラバラッコラム	生息年代	新生代新第三紀中新世
生息地	オーストラリア	分類	ほにゅう類 そう前歯目
体長	1.3m	体重	70kg	食性	植物食

　コアラといえば、動物界きってのスーパーアイドルだ。生息地であるオーストラリアでは、コアラをだっこできる動物園が人気となっている。

　ところが、古代のオーストラリアに生息していたコアラのような生物は、ちっともかわいくなかった。その名をニンバドン・ラバラッコラムというが、体重は70キロにたっしたと考えられているのだ。70キロといえば、人間の大人の男せいとほぼ同じ。それでいて、コアラのように木の上で生活していたという。

　「ねぇねぇ、だっこして」とあまえられても、それはだっこというよりきんトレに近い。ちなみに顔も、コアラのようにチャーミングではなかったようだ。

大きさ比較図

NIMBADON LAVARACKORUM
LENGTH: 130CM
WEIGHT: 70KG

130cm

QUIZ

Q. コアラの体重は何キロぐらい？
① 3キロ　② 5キロ
③ 10キロ

こたえは次のページ

えとにはえらばれそうもない
ダエオドン

生息年代 [せいそくねんだい] 5000万 4000万 3000万 2000万 1000万 0 (年前) → げんざい

びっくり度 S・A・B・C： B

大きさはイノシシの2倍以上

豆知しき [まめちしき]
ダエオドンの顔にはコブがあるが、これはライバルとのなわばりあらそいやメスへのアピールに使われていたと考えられている。コブは年をとるごとに大きくなっていったようだ。

こたえ ③10キロ 実さいにだっこをしてみるとけっこう重いぞ。

せいぶつデータ

名前	ダエオドン	生息年代	新生代古第三紀ぜん新世〜新第三紀中新世
生息地	アメリカ	分類	ほにゅう類クジラぐうてい目
体長	3m	体重	1000kg	食性	ざっ食

　イノシシの身体のう力はすさまじい。「ブタのお友だちでしょ」などとふ用意に近づこうものなら、高速タックルでふきとばされることまちがいなし。一度こうげきモードに入ると、もう止められない。

　新生代中ごろの北アメリカには、ダエオドンという巨大イノシシのような動物が生息していた。すい定される体長は3メートル。イノシシと同じくざっ食せいであり、かむ力がとても強かったようだ。

　かれらの頭の化石からは、きずがいくつか見つかっている。おそらく、頭と頭を思い切りぶつけ合い、ライバルとあらそっていたのだろう。3メートルの巨体がくり出すタックル。考えただけでも足がすくみそうだ。

大きさ比較図

DAEODON
LENGTH:300CM
WEIGHT:1000KG

130cm

QUIZ クイズ

Q. イノシシとブタのかん係は？
① イノシシがブタのそ先
② ブタがイノシシのそ先
③ とくにかん係はない

こたえは次のページ

アルゲンタヴィス

アルゼンチンのかい鳥

生息年代｜せいそくねんだい　5000万　4000万　3000万　2000万　1000万　0（年前）
→げんざい

古生代 / 中生代 / 新生代

体重80キロでもとべる

豆知しき（まめちしき）
今の地球上でもっとも大きな鳥は、南アメリカのアンデス山みゃくに生息するアンデスコンドルだ。広げたつばさはやく3メートルで、体重はやく10キロ。しかしぜつめつのききに追いやられている。

びっくり度
S・A・B・C
S

こたえ ①イノシシがブタのそ先　野生のイノシシをかいならし、品しゅかいりょうを重ねたけっかブタがたん生した。

せいぶつデータ

名前	アルゲンタヴィス	生息年代	新生代新第三紀中新世
生息地	南アメリカ	分類	鳥類タカ目
翼開長	7m	体重	80kg	好物	くさった肉

　アルゲンタヴィスは、南アメリカに生息していた巨大なもうきん類だ。広げたつばさの長さは7メートル、体重は80キロになったとすい定されている。

　はたして、こんなかい鳥がとべたのだろうか。げん代の鳥たちはほねもスカスカだし、ウンチもがまんできない。それだけのぎせいをはらって少しでも体を軽くし、ようやく空をとんでいるのだ。今の鳥たちからしたら「いやいや、80キロて（笑）」といった感じだろう。

　ところが、アルゲンタヴィスはとべた。上しょう気流をり用して、コンドルのようにかっ空していたと考えられているのだ。なせばなる、なさねばならぬ、何事も。人間も鳥も、それは同じなのかもしれない。

大きさ比較図

ARGENTAVIS
LENGTH:700cm
WEIGHT:80kg

130cm

QUIZ

Q.げん代でさい小の鳥、マメハチドリの体重は？
①2グラム　②20グラム
③200グラム

こたえは次のページ

ディプロトドン

あなたの子どもになりたい

| 生息年代 | せいそくねんだい | 5000万 | 4000万 | 3000万 | 2000万 | 1000万 | 0 (年前) |

→ げんざい

古生代
中生代
新生代

おなかのポケットも巨大

豆知しき まめちしき

カンガルーのポケットは上向きだが、ウォンバットのポケットは後ろ向きに開いている。これはあなにもぐる時に、ポケットにすなが入らないようにするためなのだ。

びっくり度
S・A・B・C
A

こたえ　①2グラム　マメハチドリの体重はわずか2グラムほど。1円玉2まい分の重さしかない。

せいぶつデータ

名前	ディプロトドン	生息年代	新生代新第三紀せん新世～1.2万年前
生息地	オーストラリア	分類	ほにゅう類 そう前歯目
体長	3m	体重	2800kg
食性	植物食		

　カンガルーやコアラなど、おなかに子どもを育てるためのポケットを持つなか間を「有たい類」とよぶ。有たい類の生息地としてはオーストラリアが有名だが、かつてのオーストラリアにも、多くの有たい類が生息していた。
　中でもさい大級だったのが、ディプロトドンだ。今のウォンバットのなか間だが、ウォンバットの体長が1メートルほどであるのに対し、ディプロトドンの体長は3メートルもあったと考えられている。
　そして後ろ向きに開いたポケットも、大人ひとりが入れるほどの巨大サイズだったようだ。ちなみにかれらはおとなしいせいかくで、動きもにぶかった。ポケットの入り心地は、それはもうさい高だったことだろう。

大きさ比較図

DIPROTODON
LENGTH:300cm
WEIGHT:2800kg

130cm

QUIZ

Q. オーストラリアには何しゅの有たい類が生息してる？
① やく60しゅ類
② やく140しゅ類
③ やく320しゅ類

こたえは次のページ

3メートルの巨大アルマジロ
グリプトドン

生息年代｜せいそくねんだい　5000万　4000万　3000万　2000万　1000万　0（年前）
→げんざい

豆知しき｜まめちしき
グリプトドンをはじめとし、名前のさい後に「ドン」とつく動物は多い。この「ドン」はギリシャ語で「歯」という意味。グリプトドンでは「ちょうこくされた歯」という意味になる。

びっくり度
S・A・B・C
A

こうらのかたさが　あだとなる

こたえ　②やく140しゅ類　有たい類にかぎらず、オーストラリアには多くのこ有しゅが生息している。

せいぶつデータ

名前	グリプトドン	生息年代	新生代新第三紀せん新世～1.2万年前
生息地	南米(アルゼンチン、ボリビア、ペルー、コロンビア、パラグアイ、ウルグアイ、ベネズエラ)	分類	ほにゅう類 ひこう目
体長	3m	体重	2000kg
食性	植物食		

　グリプトドンは、古代の巨大アルマジロだ。今のアルマジロのように丸くなることはできなかったが、全身をおおうドームのようなこうらに手足を引っこめ、カメのように身を守っていた。

　このこうらは、小さなほねの板が集まってできたものだ。そのかたさはハンパではなく、ちょっとやそっとのこうげきではビクともしなかった。何ともべんりなこうらである。

　だが、それがよくなかった。「これ、たてになりそうじゃない？」「あら、道具を入れるのにも使えるわ」なんて具合で、当時の人類に次々とられてしまったのだ。もし人類がよくを出しすぎなければ、かれらがぜつめつすることはなかったのかもしれない。

大きさ比較図

GLYPTODON
LENGTH:300CM
WEIGHT:2000KG

130cm

QUIZ クイズ

Q.げん代さい大のアルマジロはどれぐらいの大きさ？
① 50センチ
② 1メートル
③ 2メートル

こたえは次のページ

顔が短い巨大グマ
アルクトドゥス

生息年代｜せいそくねんだい　5000万　4000万　3000万　2000万　1000万　0（年前）→げんざい

古生代 ｜ 中生代 ｜ 新生代

ヒグマより
さらにデカい

びっくり度
S・A・B・C
B

豆知しき　まめちしき

アルクトドゥスに近い分類のメガネグマは、南米に生息している。黒い毛でおおわれた顔に、まるでめがねのような白いもようが入ることから、そうよばれるようになったのだ。

こたえ　②1メートル　げん代ではオオアルマジロがもっとも大きい。体長はさい大で1メートル。

せいぶつデータ

名前	アルクトドゥス	生息年代	新生代新第三紀せん新世〜1.2万年前
生息地	カナダ、アメリカ、メキシコ、ボリビア	分類	ほにゅう類 食肉目
体長	3m	体重	1000kg	食性	ざっ食(?)

　今の日本でもっとも強い野生動物は、おそらくヒグマだろう。体長やく2メートル。体重やく350キロ。世界中のクマの中でもかなり大がただ。その上ヒグマは動きがすばやく、頭も切れる。

　しかしそんなヒグマでも、アルクトドゥスに勝つのはむずかしかっただろう。新生代第四紀に生息したかれらの体長はすい定3メートル。ヒグマよりも一回り大きく、当時の強力なほ食者であったと考えられている。

　アルクトドゥスは、南米に生息するメガネグマに近い分類のしゅだ。げん代のクマにくらべて、手足がスラリと長かった。また顔が短いことから、「ショートフェイスベア」ともよばれている。

大きさ比較図

ARCTODUS SIMUS
LENGTH:300cm
WEIGHT:1000KG

130cm

QUIZ

Q. アルクトドゥスのもうひとつのべつ名は？
① プードルベア
② ダルメシアンベア
③ ブルドッグベア

こたえは次のページ

バシロサウルス

18メートルの細長い体

| 生息年代 | 5000万 | 4000万 | 3000万 | 2000万 | 1000万 | 0 (年前) |

→げんざい

びっくり度 S・A・B・C → S

「サウルス」だけどクジラのなか間

豆知しき

クジラのそ先はりくでたん生し、海へと帰っていった。さい古のクジラ類と言われているパキケトゥスは、イヌのようにしっかりとした足を持ち、りく地と水中の両方で生活をしていた。

こたえ ③ブルドッグベア　鼻が短いことからブルドッグベアともよばれる。

せいぶつデータ

名前	バシロサウルス	生息年代	新生代古第三紀始新世
生息地	アメリカ、エジプト、ヨルダン、パキスタン、ウクライナ、アフリカ北部	分類	ほにゅう類 クジラぐうてい目
体長	18m	体重	?kg
		好物	魚

　体がやけにニョーンとしているが、バシロサウルスはクジラのなか間だ。ためしに指で頭をかくしてみてほしい。さっきにくらべ、ちょっとクジラっぽく見えたのではないだろうか。

　バシロサウルスは体に対し頭がとても小さく、まるでは虫類のように思える。ほにゅう類であるにもかかわらず、きょうりゅうのように名前に「サウルス（トカゲ）」とつくのもそのためだ。

　げん代のクジラには歯がないものも多いが、バシロサウルスはアゴの前方と後方でちがう形の歯を持っていた。当時の海ではおそるべきほ食者であり、同じクジラ類を食べてしまうこともあったようだ。

大きさ比較図

BASILOSAURUS
LENGTH：18M
WEIGHT：？KG

130cm

QUIZ クイズ

Q. バシロサウルスにあり、げん代のクジラにないものは？
① 後ろ足　② 角
③ はい

こたえは次のページ

ステラーカイギュウ

心やさしき大がたカイギュウ

生息年代｜せいそくねんだい　5000万　4000万　3000万　2000万　1000万　0（年前）
→ げんざい

古生代／中生代／新生代

びっくり度
S・A・B・C
C

発見から27年でぜつめつ

豆知しき（まめちしき）

カイギュウ（海牛）とは、ジュゴンやマナティーのなか間のこと。いずれも草食せいでおとなしいせいかく。ステラーカイギュウをれい外とし、あたたかい海に生息している。

こたえ　①後ろ足　たい化はしているが、まだ後ろ足のほねがのこっていた。

せいぶつデータ

名前	ステラーカイギュウ	生息年代	新生代第四紀
生息地	ロシア、北米、日本	分類	ほにゅう類 カイギュウ目
体長	9m	体重	10000kg	好物	海そう

　古生物たちがぜつめつしてしまったのには、様々な理由があるが、ステラーカイギュウのぜつめつ理由はかなり悲しい。かれらはあまりにもやさしく、そしておいしかったのだ。

　とあるむ人島でそうなん者が、かれらの肉を食べてから、一気にそのウワサは広まった。そのけっか、たくさんのハンターがやってきたが、それまでのんびりくらしていたかれらには、速く泳ぐ力も、反げきするぶきもなかった。

　その上なか間がきずつくと、かれらはそれを助けようと集まってきた。そのやさしさすらもり用され、かれらは一もう打じんとなった。けっ局かれらは、発見からわずか27年でぜつめつしてしまったのだ。

大きさ比較図

HYDRODAMALIS GIGAS
LENGTH:900cm
WEIGHT:10000kg

130cm

QUIZ

Q. 当時ステラーカイギュウは何頭ほど生息していた？
①2000頭　②5000頭
③10000頭

こたえは次のページ

ステップバイソン

岩手県でも発見

| 生息年代 | 5000万 | 4000万 | 3000万 | 2000万 | 1000万 | 0 (年前) |

→ げんざい

豆知しき
花いずみいせきは、かつて人類が動物のかい体に使っていた場所だったようだ。他にもオオツノジカ、ナウマンゾウ、オーロックス（家ちくウシのそ先）などの化石が見つかっている。

その名の通りバイソンのそ先

びっくり度 S・A・B・**C**

こたえ ①2000頭　発見当時でも2000頭と数が少なかった。

せいぶつデータ

名前	ステップバイソン	生息年代	新生代第四紀こう新世
生息地	ヨーロッパ、アジア、中央アジア	分類	ほにゅう類 クジラぐうてい目
体長	3.5m	体重	900kg	食性	植物食

　動物園で、バイソンというウシのなか間を見たことがあるだろうか。アメリカバイソンの体長はやく3メートル。間近で見るとかなりのはく力がある。

　ステップバイソンは、そのそ先にあたる動物だ。体長はすい定3.5メートル。角も大きく、そのはばは左右で1.8メートルにたっしたと考えられている。おすもうさんでもないかぎり、4人はすわることができそうだ。

　そして面白いことに、ステップバイソンと同しゅ（もしくは近い分類のしゅ）と思われる動物の化石が、岩手県の花いずみいせきからも見つかっている。これは、かつて日本にもバイソンがいたというしょうこ。そう聞くと、かれらに親近感がわいてこないだろうか。

大きさ比較図

BISON PRISCUS
LENGTH:350CM
WEIGHT:900KG

130cm

QUIZ

Q. 名前の「ステップ」が意味するものは？
① ダンスのステップ
② 草原
③ くつ

こたえは次のページ

し上さい大のトカゲです
バラヌス

生息年代 | せいそくねんだい　5000万　4000万　3000万　2000万　1000万　0（年前）
→ げんざい

古生代 / 中生代 / 新生代

今もなお生きている!?

びっくり度
S・A・B・C
A

豆知しき まめちしき
オーストラリアにげん生するさい大のトカゲは、ペレンティオオトカゲだと言われている。それでも体長は2メートルほどで、とてもウワサの巨大トカゲの正体だとは思えない。

こたえ　②草原　じゅ木がなく、かんそうした草原のこと。

せいぶつデータ

名前	バラヌス	生息年代	新生代新第三紀中新世〜げんざい？
生息地	アフリカの一部、ニューカレドニア、北マリアナ諸島、タイ	分類	は虫類 トカゲ目
体長	5〜7m	体重	1000kg	食性	肉食（？）

　バラヌスは、体長7メートルにたっしたし上さい大のトカゲだ。げん代のコモドオオトカゲと近い分類のしゅだが、大きさではとてもくらべものにならない。

　バラヌスの生たいにはなぞが多い。歯の形から肉食せいと考えられているが、実のところ、それもはっきりとはしていないのだ。また、かれらがぜつめつした理由も分かっていない。気こうのへん化か。食べ物のげん少か。それとも、そもそもぜつめつなどしていないのか……。

　ちなみにオーストラリアでは、度々「ちょう巨大トカゲを見た！」というじょうほうがよせられている。南半球の大りく、広大な森の中でかれらは今もなお、生きのびているのかもしれない。

大きさ比較図

MEGALANIA
LENGTH:500-700cm
WEIGHT:1000kg

130cm

QUIZ

Q.オーストラリアでウワサの巨大トカゲのよび名は？
①ジャイアントモニター
②メガモニター
③スーパーモニター

こたえは次のページ

トカゲとまちがえられたカメ
メイオラニア

生息年代｜せいそくねんだい　5000万　4000万　3000万　2000万　1000万　0（年前）
→けんざい

びっくり度
S・A・B・C
A

メガラニアとのコンビ売り

豆知さ しき　まめちしき

さい古のカメのなか間は、おなかがわのこうらしか持っていなかった。かれらがりく生だったなら、先にせ中にこうらを持ったはず。そのことからカメのそ先は、海生だったと考えられている。

こたえ　①ジャイアントモニター　「モニター」は大トカゲの意味。本当にメガラニアなのだろうか？

せいぶつデータ

名前	メイオラニア	生息年代	新生代新第三紀中新世〜第四紀かん新世
生息地	オーストラリア、ニューカレドニア	分類	は虫類カメ目
体長	2.4m	体重	?kg	食性	肉食

　はじめて発見されたのは、せぼねの化石だった。化石を調べた研究者は、このせぼねの持ち主を大がたトカゲの一しゅと考えた。前のページに登場したバラヌスには「大きな切りさきま」を意味する「メガラニア」というべつ名があるが、それよりも小さかったことから、メイオラニア＝「小さな切りさきま」と名づけた。

　ところが後になってべつの化石が見つかると、メイオラニアはトカゲではなく、カメのなか間であることが分かった。それも、全長2.4メートルにたっするし上さい大のリクガメだったのだ。

　し上さい大のトカゲとリクガメ。同じなか間ではないが、これはこれでよいコンビになれそうだ。

大きさ比較図

MEIOLANIA
LENGTH:240CM
WEIGHT:? KG

130cm

QUIZ

Q.ギネスブックにものったリクガメのさい高年れいは？
①87さい　②114さい
③188さい

こたえは次のページ

テラトルニスコンドル

1万年前にぜつめつした巨大鳥

生息年代 | 5000万 4000万 3000万 2000万 1000万 0（年前）
→げんざい

- 古生代
- 中生代
- 新生代

古生物からUMAへ？

豆知しき
あのマウンテンゴリラも、UMAのひとつだった。目げきじょうほうはあったものの、1901年に正式に発見されるまでは、「そんな生物いるわけがない」と考えられていたのだ。

びっくり度 S・A・B・**C**

こたえ ③188さい ホウシャガメの「トゥイ・マリラ」。1965年になくなった。

せいぶつデータ

名前	テラトルニスコンドル	生息年代	新生代第四紀こう新世～かん新世
生息地	北アメリカ	分類	鳥類 タカ目
翼開長	5m	体重	20kg	好物	くさった肉（？）

　ネッシー、イエティ、ツチノコ……いわゆるUMA（みかくにん生物）と古生物はべつ物だが、まったくかん係がないとも言い切れない。UMAのうちいくつかは、古生物の生きのこりではないかと言われているからだ。

　アメリカでは、サンダーバードというUMAが度々目げきされている。広げたつばさの長さは3メートルとも6メートルとも言われる巨大な鳥で、か去には子どもつれ去り事けん（未すい）も起こしているという。

　そしてこのサンダーバードは、1万年ほど前にぜつめつしたテラトルニスコンドルの生きのこりではないか、というせつがある。ぜつめつしたはずのシーラカンスだって生きのこっていたし、かのうせいはゼロではなさそうだ。

大きさ比較図
TERATORNIS CONDOR
LENGTH:500CM
WEIGHT:20KG

130cm

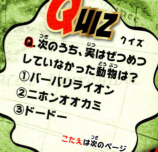

QUIZ
Q. 次のうち、実はぜつめつしていなかった動物は？
① バーバリライオン
② ニホンオオカミ
③ ドードー

こたえは次のページ

エラスモテリウム

きっとあった巨大角

| 生息年代 | せいそくねんだい | 5000万 | 4000万 | 3000万 | 2000万 | 1000万 | 0 (年前) |

→ げんざい

古生代 / 中生代 / 新生代

角の長さはすい定2メートル

びっくり度 S・A・B・C → **A**

豆知しき まめちしき

大きさだけでなく、角の生えるいちもサイとはちがっていた。サイの角は鼻の近くから生えているが、エラスモテリウムの角はひたいの真ん中から生えていたようだ。

こたえ ①バーバリライオン 1922年にぜつめつしたと考えられていたが、モロッコの王様が持つ動物園で32頭が生ぞんしていた。

172

せいぶつデータ

名前	エラスモテリウム	生息年代	新生代第四紀こう新世
生息地	ロシア、中国、トルクメニスタン、ウズベキスタン、ウクライナ	分類	ほにゅう類 きてい目
体長	4.5m	体重	4000kg	食性	植物食

　エラスモテリウムは、体長4.5メートルにたっする巨大なサイのなか間だ。サイのトレードマークである角は、毛がへん化してできたもの。左の絵のように、エラスモテリウムにも同様の大きな角が生えていた……と考えられている。

　こんなにも目立つま界のタケノコのような角を「考えられている」としか言えないのは、この角の化石が見つかっていないからだ。ほねでできた角とちがい、毛でできた角は化石としてのこりにくいのだ。

　サイの頭のほねには大きなコブがあり、それが角の土台となっている。エラスモテリウムにも同じとくちょうが見られることから、角があったとすいそくされているのだ。

大きさ比較図

ELASMOTHERIUM
LENGTH:450cm
WEIGHT:4000kg

130cm

QUIZ

Q. エラスモテリウムは何のモデルになったと言われる?
① ケルベロス
② ユニコーン
③ ミノタウロス

こたえは次のページ

メガラダピス

マダガスカル島のこ有しゅ

| 生息年代 | せいそくねんだい | 5万 | 4万 | 3万 | 2万 | 1万 | 0 (年前) →げんざい |

古生代 / 中生代 / 新生代

し上さい大のキツネザル

びっくり度
S・A・B・C
C

豆知しき（まめちしき）

げん代のキツネザルの中では、インドリというしゅがさい大。体長はやく70センチで、木の葉やか実などを食べる。インドリたちは、なか間同しで大合しょうをすることが知られている。

こたえ ②ユニコーン　長く真っすぐな1本角を持っていたとされるでんせつ上の生物。

せいぶつデータ

名前	メガラダピス	生息年代	新生代第四紀かん新世
生息地	マダガスカル	分類	ほにゅう類 れい長目
体長	1.5m	体重	80kg
食性	植物食		

　キツネザルという原始てきなサルのなか間は、マダガスカル島のみに生息しているこ有しゅだ。だが近年の森林はかいにより生活の場をうしない、100しゅをこえるキツネザルのほぼ全てがぜつめつのピンチにある。

　メガラダピスは、そんなキツネザルのなか間の中でもっとも大きかった。げん代のキツネザルのように手あしや尾は長くなかったが、木登りはとく意で、木の葉を食べてくらしていた。

　かれらのぜつめつ理由も、やはり人間によるものだった。森林はかいやしゅりょうにより、ぜつめつしてしまったと考えられているのだ。今いるキツネザルたちが生きのびられるかどうか、わたしたちの手にかかっている。

大きさ比較図

MEGALADAPIS
LENGTH：150CM
WEIGHT：80KG
130cm

QUIZ

Q.マダガスカルに生息するこ有しゅは何しゅるい？
① やく1万しゅ類
② やく7万しゅ類
③ やく15万しゅ類

こたえは次のページ

プロトプテルム

体長2メートルの巨大海鳥

| 生息年代 | せいそくねんだい | 5000万 | 4000万 | 3000万 | 2000万 | 1000万 | 0 (年前) |

→ げんざい

豆知しき

モドキではない巨大ペンギンも発見されている。その名もクミマヌ・ビケアエは、すい定体長177センチ、体重101キロ。古第三紀ぎょう新世に生息していたと考えられている。

早くペンギンになりたい

びっくり度 S・A・B・C
A

こたえ ③やく15万しゅ類 マダガスカルこ有の動植物は、15万しゅにおよぶと考えられている。

せいぶつデータ

名前	プロトプテルム	生息年代	新生代新第三紀ぜん新世
生息地	日本	分類	鳥類 ペリカン目
体長	2m	体重	?kg
		好物	魚

　プロトプテルムの和名は「ペンギンモドキ」という。「こんな立ぱなペンギンさんに向かってしつ礼な！」と思うが、かれらはペンギンではなくペリカンのなか間。文字通りペンギンモドキなのだ。

　かれらは、海にもぐって魚などをつかまえていたようだ。見た目だけでなく、生活スタイルまでペンギンである。ほねの作りがペリカンに近いというが、このあふれ出るペンギン感はたまたまなのだろうか。

　ところが近年の研究により、かれらののうはペリカンよりもペンギンに近いことがわかった。つまり本当にペンギンであったかのうせいが高まったのだ。近いみ来、かれらは「ペリカンモドキ」とよばれているかもしれない。

大きさ比較図

PLOTOPTERUM
LENGTH: 200CM
WEIGHT: ? KG

130cm

QUIZ クイズ

Q. 次のうち、実ざいした古生物は？
① タケモドキ
② マツモドキ
③ イチョウモドキ

こたえは次のページ

とべないんじゃない
ケレンケン

| 生息年代 \| せいそくねんだい | 5000万 | 4000万 | 3000万 | 2000万 | 1000万 | 0 (年前) |

→ げんざい

古生代 / 中生代 / 新生代

あえてとばない巨大鳥

びっくり度
S・A・**B**・C
A

豆知しき

とべない鳥であったきょう鳥類は、ぜつめつしたきょうりゅうに代わるように食物れんさのトップに立った。海にかこまれ、強力な肉食ほにゅう類がいなかった南米大りくで、どく自の進化をとげたのだ。

こたえ ③イチョウモドキ　イチョウのなか間。石川県で化石が発見された。

せいぶつデータ

名前	ケレンケン	生息年代	新生代新第三紀中新世
生息地	アルゼンチン	分類	鳥類 ノガンモドキ目
体長	3m	体重	230kg	食性	肉食

今から1500万年前のアルゼンチンには、ケレンケンという巨大な鳥が生息していた。すい定される体長は3メートル。体重も200キロをこえていたという。かれらはきょう鳥類のなか間だが、その中でもさい大級だ。

絵からも想ぞうがつくが、かれらは空をとぶことができなかった。いや、そもそもとぶひつようなどなかったのだろう。ぶっといあしでエモノを追いかけ回しては、そのままキックでエイヤ。もしくは巨大なクチバシでソイヤ。ハイエナのようにくさった肉を食べていたかのうせいもあるが、ほ食者としての地いはかなり高かったと考えられている。とべることだけが、鳥類の強みというわけではないのだ。

大きさ比較図

KELENKEN
LENGTH:300cm
WEIGHT:230kg

130cm

QUIZ

Q.ケレンケンの名は何に由来する？
①南アメリカのせいれい
②北アメリカのオバケ
③ヨーロッパのかい物

こたえは次のページ

デイノテリウム

はんえいしなかった原始ゾウ

生息年代 | 5000万 4000万 3000万 2000万 1000万 0（年前）→げんざい

びっくり度 S・A・B・C
S

下アゴにキバがある

豆知しき

さいしょにあらわれたゾウのなか間は、体重数百キロほどで、鼻もブタのように短かった。進化するにつれ巨大化し、立ったまま水を飲めるように鼻を長くのばしていったのだ。

こたえ ①南アメリカのせいれい　先住みんの神話に登場する羽の生えたせいれい。

せいぶつデータ

名前	デイノテリウム	生息年代	新生代新第三紀中新世〜第四紀こう新世
生息地	ヨーロッパ、アジア、アフリカ	分類	ほにゅう類 長鼻目
体長	4m	体重	13000kg
好物	木の皮、葉		

何に見えるかと聞かれればたしかにゾウだが、明らかにおかしな部分がある。デイノテリウムという原始てきなゾウのなか間は、上アゴではなく、下アゴにキバを生やしていたのだ。

クシャミをしたらささりそうだし、とてもべんりとは思えない。だがデイノテリウムはこのキバをき用に使って木の皮をはがし、それを食べていたと考えられているのだ。

だとしてもやはり、上向きの方がよい気がする。しかもメインの食事は、鼻を使って取っていたという。このきみょうなキバが理由かどうかは定かではないが、かれらはあまりはんえいせずにぜつめつしてしまったんだ。

大きさ比較図
DEINOTHERIUM
LENGTH:400CM
WEIGHT:13000kg
130cm

Q. インドゾウとアフリカゾウはどっちが大きい？
① インドゾウ
② アフリカゾウ
③ どっちもほぼ同じ

こたえは次のページ

ケナガマンモスの直けいのそ先
ショウカコウマンモス

生息年代｜せいそくねんだい　500万　400万　300万　200万　100万　0（年前）　→げんざい

体重14トンの大がたマンモス

びっくり度 S・A・B・C **A**

どうぶつデータ
- 名前：ショウカコウマンモス
- 生息年代：新生代第四紀こう新世
- 生息地：ヨーロッパ、ロシア、中央アジア
- 分類：ほにゅう類 長鼻目
- 肩高：4.5m　体重：14000kg
- 好物：魚

大きさ比較図
STEPPE MAMMOTH
LENGTH:450cm
WEIGHT:14000kg
130cm

ショウカコウマンモスは、マンモスの中でもとくに大がただった。すい定されるかたの高さは4.5メートル。キバの長さは5メートルにもなった。当時の地球は気温が下がりつづけ、その巨体はかんきょうに合わなくなっていった。有名なケナガマンモスと世代交代するかのようにぜつめつした。

こたえ　②アフリカゾウ　アフリカゾウはけん高4メートル、インドゾウはけん高3メートルほど。

なんだその歯は！
デスモスチルス

生息年代｜せいそくねんだい　5000万　4000万　3000万　2000万　1000万　0（年前）→げんざい

なぞ多き日本育ち

びっくり度 S・A・**B**・C → **A**

どうぶつデータ
- 名前：デスモスチルス
- 生息年代：新生代古第三紀漸新世～新第三紀中新世
- 生息地：日本、アメリカ、ロシア、メキシコ
- 分類：ほにゅう類 そく柱目
- 体長：1.8m　体重：200kg
- 好物：海そう（？）

デスモスチルスの歯は実にきみょうだ。まるでカッパまきのような細長い円柱がたばになって、1本の歯が作られていたのだ。「こんな生物がいたなんて、世界は広いなぁ」と感心したくなるが、かれらの化石がはじめて見つかったのはここ日本。日本を代表するぜつめつ動物なのだ。

大きさ比較図
DESMOSTYLUS
LENGTH: 180CM
WEIGHT: 200KG
130cm

スミロドン

サーベルタイガーの大トリ

生息年代 | 5000万 4000万 3000万 2000万 1000万 0 (年前)
→ げんざい

シッポは短く犬歯は長く

びっくり度 S・A・B・C **A**

どうぶつデータ
名前：スミロドン
生息年代：新生代第四紀こう新世～かん新世
生息地：南アメリカ、アメリカ
分類：ほにゅう類 食肉目ネコ科
体長：2m **体重**：400kg
食性：肉食

大きさ比較図

SMILODON
LENGTH:200CM
WEIGHT:400KG
130cm

かつてサーベルタイガーというネコ科の肉食動物がいた。とても強力なグループであり、その中でさい後にあらわれたのが、スミロドンだった。20センチい上になる長い犬歯と、120度に開くアゴ。だが、かむ力は見かけほど強くなく、走るのもあまりとく意ではなかったようだ。

クイズ 次のうち、ネコ科ではないものは？ ①ライオン ②ハイエナ ③ヒョウ

メギストテリウム

古第三紀の番長かく

生息年代｜5000万　4000万　3000万　2000万　1000万　0（年前）
→ げんざい

し上さい大級の肉歯目

びっくり度 S・A・B・C
B

どうぶつデータ
- 名前：メギストテリウム
- 生息年代：新生代新第三紀中新世
- 生息地：エジプト、リビア、ケニア
- 分類：ほにゅう類 肉歯目
- 体長：3.5m　体重：500kg
- 好物：くさった肉

大きさ比較図

MEGISTOTHERIUM
LENGTH:350CM
WEIGHT:500KG

130cm

すでにぜつめつしてしまってはいるが、新生代新第三紀には「肉歯目」という肉食せいほにゅう類のグループがさかえていた。中でも巨体をほこったのが、メギストテリウムだ。体長はすい定4メートル。ただその大きさゆえ動きはにぶかったようで、死体をあさっていたと考えられている。

◀こたえはP186にあるよ

カリコテリウム

ウマっぽくないウマのなかま

生息年代｜5000万　4000万　3000万　2000万　1000万　0（年前）→げんざい

古生代／中生代／新生代

びっくり度 S・A・B・C　**S**

ゴリラとよばないで

どうぶつデータ
- 名前：カリコテリウム
- 生息年代：新生代新第三紀中新世
- 生息地：ヨーロッパ、中国、インド、ケニア、ウガンダ、中央アジアなど
- 分類：ほにゅう類きてい目
- 体長：2m
- 体重：?kg
- 食性：植物食

大きさ比較図
CHALICOTHERIUM
LENGTH:200cm
WEIGHT:? KG

130cm

顔はウマだが、どういうわけか体がゴリラだ。ゴリラのようにこぶしを地面につけて歩くことを「ナックルウォーキング」と言うが、カリコテリウムもそのような歩き方をしていたという。「じゃあゴリラ？」と聞かれても、そうではない。かれらはウマと同じく、きてい類にふくまれるのだ。

こたえ ②ハイエナ　ハイエナは食肉目ハイエナ科の動物。

ガストルニス
こわい見た目と意外なギャップ

| 生息年代 | 7000万 | 6000万 | 5000万 | 4000万 | 3000万 | 2000万（年前） |
→ げんざい

オウムのようなくちばしを持つ

びっくり度 S・A・**B**・C
B

意外にも、ガストルニスはカモと近い分類のしゅだと考えられている。アゴのかんせつや後ろあしの形が、カモ類に近いというのだ。またこれも意外だが、かれらは草食せいであったようだ。クチバシの形がどことなくオウムににているが、植物のたねをこのんだのだろうか。

どうぶつデータ
- **名前**：ガストルニス
- **生息年代**：新生代古第三紀ぎょう新世～始新世
- **生息地**：北アメリカ、ヨーロッパ
- **分類**：鳥類 ガストルニス形目
- **体長**：2m　**体重**：200～500kg
- **好物**：しゅ子

大きさ比較図

GASTORNITHIDAE
LENGTH:200CM
WEIGHT:200-500KG

130cm

地球と生命のれきし

生物が多様化
約40億年つづいた先カンブリア時代が終わり、カンブリア紀に入ると、生物が一気に多様化した。今も見られるほとんどの動物のき本けいが、この時代にあらわれた。

「魚の時代」デボン紀
魚類が大きく進化したことから、デボン紀は「魚の時代」ともよばれる。デボン紀の後期になると魚類から進化した両生類がたん生し水中からりく上へと進出した。

シダ植物とこん虫がはんえい
りく上にシダ植物の大森林が形せいされ、それを住みかとするこん虫たちがさかえた。はじめて空に進出した生物も、この時代にあらわれた羽を持ったこん虫たちだった。

古生代

先カンブリア時代	カンブリア紀	オルドビス紀	シルル紀	デボン紀	石炭紀	ペルム紀
約46億年前〜	約5億4100万年前	約4億8540万年前	約4億4380万年前	約4億1920万年前	約3億5890万年前	約2億9890万年前
	アノマロカリス	カメロクラス	ミクソプテルス	ダンクルオステウス	プロトファスマ	コティロリンクス
			大りょうぜつめつ		大りょうぜつめつ	

生命がたん生しておよそ40億年。何度も起こった大りょうぜつめつや様々なかんきょうのへん化をへて、地球上の様子はどうかわってきたのだろうか。一気にふり返ってみよう。

は虫類の黄金時代

中生代に入るときょうりゅうがたん生し、は虫類の黄金時代が始まる。この当時の地球では、すべての大りくがひとつにまとまり、ちょう大りくが形せいされていた。

きょうりゅうたちがぜつめつ

白亜紀末に巨大ないん石がしょうとつしたことにより、地球上の多くの生物がぜつめつ。きょうりゅうやよくりゅうなど、大がたは虫類がすがたを消した。

ほにゅう類の時代へ

ぜつめつしたきょうりゅうに代わって、ほにゅう類がさかえ始めた。わたしたちげん生人類（ホモ・サピエンス）は、今から30万年ほど前に登場したと考えられている。

中生代

三畳紀 約2億5192万年前 — ショニサウルス 大りょうぜつめつ

ジュラ紀 約2億130万年前 — リオプレウロドン 大りょうぜつめつ

白亜紀 約1億4500万年前 — アルゼンチノサウルス 大りょうぜつめつ

新生代

古第三紀
- 暁新世 約6600万年前
- 始新世 約5600万年前 — アンドリュウサルクス
- 漸新世 約3390万年前

新第三紀
- 中新世 約2303万年前 — ディノテリウム
- 鮮新世 約533万年前

第四紀
- 更新世 約258万年前 — ジャイアントモア
- 完新世 約1万年前〜現在

古生物の分類

地球上の全ての生物は、かつて海に生息したひとつのきょう通のそ先から進化し、次々となか間をふやしてきた。ここでは、その大まかな分類をごしょうかいしよう。

テラタスピス

大まかな分類

生物のそ先
- モネラ界
- 原生生物界
- 植物界
- きん界
- 動物界

植物 しょくぶつ

フウインボク

地球上ではじめて上りくにせいこうした生物。もともとは水中でたん生し、4億年い上前にりくへと上がってきた。光合せいをし、自らえいようを作り出す。さいしょに上りくしたのはコケ植物のなか間と考えられている。

- コケ植物
- シダ植物
- 裸子植物
- 被子植物

無脊椎動物 むせきついどうぶつ

地球上ではじめて上りくにせいこうした動物。水中でたん生し、4億年い上前にりくへと上がってきた。植物や動物を食べて、えいようをえる。

- **節足動物**
体がかたいからにおおわれている。甲殻類や三葉虫、昆虫など。
- 海綿動物
- 葉足動物
- 棘皮動物
- 環形動物
- 刺胞動物
- 腕足動物
- **軟体動物**
体をほご・し持するかたいからやこうなどを持つものもあるが、いっぱんに体はやわらかい。イカ、タコなど。

など

プテリゴートゥス

メソサイロス

脊椎動物

せきついどうぶつ

脊椎（せぼね）を持つ動物。およそ5億年前にさいしょの脊椎動物である魚類がたん生し、地上の脊椎動物へと進化していった。

魚類 | ぎょるい

さいしょにたん生した脊椎動物。水中で生活をする。このうち肉鰭類というグループが、人類をふくむ四足動物のそ先となった。

- 無顎類
- 軟骨魚類
- 板皮類
- 条鰭類
- 肉鰭類
- 棘魚類

シファクティヌス

↓ 進化

両生類 | りょうせいるい

魚類から進化したグループ。はいや足を持ち、脊椎動物としてはじめてりくに上がった。

- 分椎類
- 空椎類
- 無足類
- 無尾類
- 有尾類

など

エオギリヌス

↓ 進化

は虫類 | はちゅうるい

両生類から進化したグループ。形たい学てきなとくちょうにしたがえば、鳥類もこのなか間にふくまれる。

- 恐竜類
  恐竜類は、鳥盤類と竜盤類という2つの大きなグループに分けられる。
- 鳥類
  鳥類は恐竜類にふくまれる。その中の竜盤類のなか間から進化した。
- カメ類
- 魚竜類
- 翼竜類
- モササウルス類
- 首長竜類

など

ハツェゴプテリクス　ティラノサウルス

↓ 進化

単弓類 | たんきゅうるい

両生類から進化したグループ。ヒトをふくむほにゅう類は、この単弓類から進化したと言われている。

- ほ乳類
  今の地球上では、海のクジラ、地中のモグラ、空中のコウモリなど、あらゆるかんきょうにほにゅう類が生息している。
- 獣弓類
- エダフォサウルス類

など

エステメノスクス

グリプトドン

◆さん考文けん

『講談社の動く図鑑MOVE 恐竜 新訂版』(講談社)
『小学館の図鑑NEO [新版] 恐竜』(小学館)
『小学館の図鑑NEO 大むかしの生物』(小学館)
『小学館の図鑑NEO [新版] 動物』(小学館)
『小学館の図鑑NEO [新版] 魚』(小学館)
『小学館の図鑑NEO [新版] 昆虫』(小学館)
『小学館の図鑑NEO [新版] 両生類・はちゅう類』(小学館)
『学研の図鑑LIVE 古生物』(学研プラス)
『ニューワイド 学研の図鑑 大昔の動物』(学研教育出版)
『ニューワイド 学研の図鑑 動物』(学習研究社)
『わけあって絶滅しました』今泉忠明監修 丸山貴史著(ダイヤモンド社)
『オールカラー 謎の絶滅生物100』川崎悟司著(廣済堂出版)
『オールカラー完全復元 絶滅したふしぎな巨大生物』川崎悟司著(PHP研究所)
『絶滅した奇妙な動物』川崎悟司著(ブックマン社)
『日本の絶滅古生物図鑑』宇都宮聡、川崎悟司著(築地書館)
『へんな古代生物』北園大園著(彩図社)
『絶滅どうぶつ図鑑 拝啓 人類さま ぼくたちぜつめつしました』ぬまがさワタリ著(パルコ)
『昆虫は最強の生物である 4億年の進化がもたらした驚異の生存戦略』スコット・リチャード・ショー著(河出書房新社)

◆監修者

田中 源吾 たなか げんご

1974年生まれ。金沢大学国際基幹教育院助教。島根大学、静岡大学を卒業後、京都大学理学研究科研究機関研究員に。その後、群馬県立自然史博物館学芸課主任学芸員、海洋研究開発機構次世代技術専任スタッフ、熊本大学沿岸域環境科学教育研究センター特任准教授を経て、現職。層位・古生物学について研究。監修した本に『海洋生命5億年史 サメ帝国の逆襲』(文藝春秋)、『カラー図解 古生物たちのふしぎな世界 繁栄と絶滅の古生代3億年史』(講談社)、『ピカイア！カンブリア紀の不思議な生きものたち』(NHK出版)などがある。

◆Staff

執筆	齋藤正太(ユニ報創)	編集	藤本晃一(開発社)	校正	文字工房燦光
イラスト	川崎悟司	編集部	服部梨絵子	DTP製作	明昌堂
デザイン	杉本龍一郎(開発社)	進行	柳沢誠一郎(開発社)		

とても巨大な絶滅せいぶつ図鑑

発行日　2019年6月25日　初版第1刷発行

監修者	田中源吾
発行者	竹間 勉
発行	株式会社世界文化社
住所	〒102-8187
	東京都千代田区九段北4-2-29
	電話番号　03-3262-5118(編集部)
	03-3262-5115(販売部)
印刷・製本	凸版印刷株式会社

©Sekaibunka-sha, 2019. Printed in Japan
ISBN　978-4-418-19213-7

無断転載・複写を禁じます。定価はカバーに表示してあります。
落丁・乱丁のある場合はお取り替えいたします。